The Reality of Being
The Fourth Way of Gurdjieff

生命的眞相

葛吉夫的第四道

[瑞士] 珍妮·迪·萨尔斯曼 著
孙霖 译

华夏出版社
HUAXIA PUBLISHING HOUSE

图书在版编目（CIP）数据

生命的真相：葛吉夫的第四道/（瑞士）萨尔斯曼著；孙霖译.——北京：华夏出版社，2012.8（2025.8重印）
书名原文：The Reality of Being:The Fourth Way of Gurdjieff
ISBN 978-7-5080-7055-1

Ⅰ.①生… Ⅱ.①萨… ②孙… Ⅲ.①心灵学-通俗读物 Ⅳ.①B846-49

中国版本图书馆CIP数据核字(2012)第135943号

The Reality of Being:The Fourth Way of Gurdjieff by Jeanne de Salzmann
Copyright©2010 by the heirs of Jeanne de Salzmann
Published by arrangement with Shambhala Publications, Inc.
Horticultural Hall, 300 Massachusetts Avenue, Boston, MA 02115, U.S.A.
www.shambhala.com
throngh Bardon-Chinese Media Agency
Simplified Chinese translation copyright ©2012 by Huaxia Publishing House
All rights reserved.

版权所有，翻印必究
北京市版权局著作权登记号：图字 01-2011-7400

生命的真相——葛吉夫的第四道

作　　者	[瑞士]珍妮·迪·萨尔斯曼
译　　者	孙　霖
责任编辑	王占刚
版式设计	郭　艳

出版发行	华夏出版社有限公司
经　　销	新华书店
印　　刷	三河市少明印务有限公司
装　　订	三河市少明印务有限公司
版　　次	2012年8月北京第1版　2025年8月北京第9次印刷
开　　本	710×1000　1/16开
印　　张	18.25
字　　数	210千字
定　　价	39.00元

华夏出版社有限公司
网址：www.hxph.com.cn　地址：北京市东直门外香河园北里4号　邮编：100028
若发现本版图书有印装质量问题，请与我社营销中心联系调换。　电话：（010）64663331（转）

目　录

译者序　001
原　序　001
引　言　001

第一篇　对意识的呼唤　001
第一章　我是沉睡的　003
第二章　记得自己　009
第三章　对了解的需要　016

第二篇　向临在敞开　023
第一章　处于被动的状态中　025
第二章　对临在的体验　033
第三章　做好准备　040

第三篇　共同的方向　047
第一章　自由的思维　049
第二章　内在的感觉　055
第三章　一种新的感受　062

第四篇　为临在所做的工作　069
第一章　在一种安静的状态中　071
第二章　在日常的活动中　078
第三章　保持面对　085

第五篇　与他人一起工作　093
第一章　一种特殊的能量流　095
第二章　在团体里的交流　102
第三章　在活动中的工作　109

第六篇　归于中心　117
　　第一章　对整体的感觉　119
　　第二章　内在的重心　125
　　第三章　呼吸　133

第七篇　我是谁　139
　　第一章　小我与幻象　141
　　第二章　向未知前进　147
　　第三章　我真实的本性　154

第八篇　获得一种新的素质　161
　　第一章　我的素质就是我真实的样子　163
　　第二章　内聚的状态　170
　　第三章　来自另一个层面　177

第九篇　在统一的状态中　183
　　第一章　觉察的行动　185
　　第二章　有意识的感觉　191
　　第三章　主动的注意力　198

第十篇　一种有生命的临在　203
　　第一章　一种纯净的能量　205
　　第二章　一个能量组成的身体　211
　　第三章　自愿的受苦　217

第十一篇　最根本的本体　223
　　第一章　意识到一种错误的姿态　225
　　第二章　我内在的实相　232
　　第三章　真"我"的出现　239

第十二篇　把教导活出来　247
　　第一章　创造性的行为　249
　　第二章　警醒的姿态　256
　　第三章　一种新的存在方式　263

人物背景介绍　270

译者序

如果说有一件事给我带来了迄今为止最大的挑战，那就是翻译《生命的真相》这本书了。

想当初，这本书我读了一部分，很聪明地意识到这是本旷世的经典好书，但同时又很傻地认为自己凭着对第四道的热忱和一些粗浅的修习经验可以把它很好地翻译出来，并把第四道的精髓介绍给大陆的读者。于是，在华夏出版社的支持下，我开始了翻译工作。但是随着翻译的深入，我越来越觉得自己亲手给自己的背上放了一个大大的十字架，想摘都没办法摘下来了。

且不用说这书近20万字的长度，也不用提书中模糊晦涩的法式英语，这些都不构成让人崩溃的决定性要素。本书最让人崩溃的是文字所代表的那些让人难以企及的修行体验。这本书是第四道体系第二代传人萨尔斯曼夫人积71年的第四道修为写成的。不是一般的深刻，不是一般的难懂。它不是一本理论书籍，而是通过描述自己的体验而进行的教导。每一次校对，随着自己的成长，对一些要点都会有新的领悟和翻译方式。但如此搞下去，这本书恐怕这辈子也翻译不出来了。最后只能先罢手，安慰自己也许十年后可以再重新翻译，搞个修订版。

于是，在崩溃中挣扎着继续前行。挑战自己的毅力极限。

书中的文字表面看很简单，没什么高深的术语，都是很生活的词汇。但是，就是因为简单，每个词包含的意思才广泛，作何解释都有可能。而毕竟我不是把第四道体系修习了71年的萨尔斯曼夫人，我无法站在她的高度去理解这些话，只能以自己十几年粗浅的第四道修习体验试着去理解、去诠释。

萨尔斯曼夫人说的每一句话，我必须得吃进去，咀嚼半天，在内在先找到共鸣或者说相关的体验（哪怕是我个人化的主观体验，也比没体验光用头脑来翻译强）才敢说自己可能理解那些话了。然后，基于这样的理解，我才敢把这些体验找到些对应的中国话再表述出来。此时翻译的精确性已经跟语法和句子结构没有关系了，最重要的是不同语言背后链接的体验是否相同。

即使是这样，对于读者来说，如果没有相关的体验（哪怕是其他体系的），还是难以真正看懂书中的文字。即使有人号称看懂了，但其实每个人依照自己的体验附加在每个词上的意义又都是不同的。或者说每个人自身的经验造就了他对这本书的主观理解。而这种主观理解，可能离萨尔斯曼夫人想要表达的真相，已经差之十万八千里了。道可道，非常道！语言是一种不得不用的不精准的沟通工具，尤其是在与修行有关的教学上。

如果你够诚实、够真实，可能你读完书中这些文字会有种莫名奇妙的感觉。你会诧异地发现这世界上居然有人描述的一些内在状态对你来说是如此陌生，甚至今生都还未曾体验过。也有可能你会经验到混乱。因为萨尔斯曼夫人一会儿对你的头脑说话，一会儿对你的心说话，一会儿又对你的身体说话，有时又在同时对它们三个说话，而有时又在对你内在除了这三个部分以外的那个部分说话。幸好，在我翻译的过程中有一些英国、美国、法国和加拿大的第四道老师可以为我答疑解惑。

翻译这本书是我今年投入生命资源最多的一件事，也是我此生最值得和最无怨无悔的一件事。我不想唱高调，说什么这是为了大众的觉醒，为了宇宙的进化，那些都不是我能够做主的。最重要的是在这翻译的过程中，我不得不提升自己，不得不拔高自己的能量状态，以便能够真正领悟书中的内容。为了翻译，我不得不精进，不得不玩命地去领悟。还有什么比这更大的收获呢？

亲爱的读者，如果你试图经由阅读这本书而掌握一个结构完整的理论体系，那么你一定会失望。如果你强行去理解去附会书中所描述的体验，你也会得非所愿。在此，将我的阅读方法介绍给大家：将本书中的每一个章节都当作一篇静心的引导词，敞开自己的内在去跟随这些话语。有不懂的地方不用纠结，直接滑过，阅读完一节（以阿拉伯数字标注的节，本书共140节）后，再回过头来进行一下反刍。去感受一下自己内在有什么样的体验被引发，再借此去反思一下自己的修行中和生活中与之相关的部分……

这本书是一部可以收藏和参照一生的经典著作，无论你在自我成长的道路上走出了多远，本书都是一面镜子，它可以照见在这条路上你已经领悟了什么，但更重要的是可以照见你还未曾领悟的东西，而那些东西恰恰为你昭示了前进的方向。

为了更好地理解书中的内容，你可以浏览第四道博客（http://blog.sina.com.cn/4thway）获取补充阅读资料。如果你对于本书内容或第四道有任何的问题，或者想参与相关的一些活动，可以写信至4thway@sina.com与我联系。

在本书即将付梓之际，我想在此感恩所有曾经给予我支持的人。首先是葛吉夫基金会的老师们：英国的Annette Courtenay-Mayers女士、Maggie Bede女士和已故的Chris Thompson先生，美国的Stuart Smithers先生，加拿大的Jack Cain先生，法国的Christopher Jacq先生。此外还有高子舒女士、宁偲程先生、张洁小姐、谢芸女士、李雪柏女士、周沫小姐、于明先生、孙历生先生、张淑霞女士、张冬梅女士、林珊珊小姐等。

孙霖

2012年6月18日于北京香山溢芳轩

原　序

乔治·伊万诺维奇·葛吉夫（1866—1949）把与实相有关的知识称为真正的"素质层面的知识"，并且把它们看做一条从远古流出的河流，流经一个又一个时代，一代又一代人，一个又一个种族。他认为这种知识是获得内在自由和解放的必备工具。对于那些寻求理解在宇宙中的人生意义的人，葛吉夫说，探寻的目的就是冲破阻力找到这条河流。随后需要做的就只是通过"了解"来实现"存有"（"to be"在本书中都翻译成"存有"，指的是一种与具有被动性和非灵性的"存在"相比，具有主动性和灵性，更接近本体状态的高等"存在"方式——译者注）。但是，为了了解，他教导我们，必须要先搞清楚"如何了解"。

葛吉夫很尊重与灵性转化有关的传统宗教和法门，并把它们采用的不同方法总结为三类：着重于驾驭身体的"苦行僧之道"、基于信仰和宗教情感的"僧侣之道"以及专注于发展头脑的"瑜珈士之道"。他把自己的教学称为"第四道"，这条道路同时在上述三个方面下工夫。这条道路所重视的不是纪律、信仰和静心，而是唤醒另一种智慧——了解和理解。葛吉夫曾经说过他个人的希望就是以他的人生和教学将一种对上帝的全新概念以及一种全新的世界观带给世人。

第四道提出的第一个要求就是"了解自己"，葛吉夫提醒我们注意的这个原则源自远比苏格拉底时代更早的时期。灵性成长来自于理解，一个人的理解程度取决于他的素质水平。素质的改变可以通过有意识的努力来实现，这种努力旨在达到一种有品质的思维和感受，从而带来一种全新的觉察和爱的能力。虽然葛吉夫的教学可以被称为"秘传的基督教"，但他指出，真正的基督教原理早在耶稣之前几千年就产生了。为了向实相敞开，为了与宇宙间的万物合一，葛吉夫号召我们在"我是本体"的体验中活出完整的"临在"。

当葛吉夫开始写作《所有及一切》这本关于人类生命的三部曲时，他把最后一本书，即第三部称为《只有"我在"时，生命才是真实的》。他在书中提及的写作目的是带给读者一种对"存在于实相中的世界"的真实洞见。葛吉夫于1934年11月开始撰写这本书，但6个月后即停止写作，后来一直没有完成这本书。在1949年去世之前，他把他的著作交给了最亲近的弟子珍妮·迪·萨尔斯曼，委托她"竭尽一切可能——甚至去做不可能的事——让我带来的东西发挥作用"。

在葛吉夫去世之时，他的追随者分散在欧美各地。萨尔斯曼夫人的首要任务就是把他们召唤到一起来工作（在第四道体系中，"工作"指的是对内在下工夫或灵性的修炼——译者注）。其次就是为葛吉夫的教学设计一种可以带来意识的具体工作形式。在葛吉夫去世后的40年间，萨尔斯曼夫人安排出版了他的著作，并且把他传授的被称为律动的舞蹈练习保存了下来。萨尔斯曼夫人还在巴黎、纽约、伦敦以及委内瑞拉的加拉加斯建立了葛吉夫中心。在这些中心里，她组织了共修团体和律动课程，参加者把他们共同的努力称为"工作"。今天，通过这些弟子和其他追随者的努力，葛吉夫的理念已经传播到了全世界。

在接下来的《引言》中，萨尔斯曼夫人揭示了她是如何看待葛吉夫这样一位传统意义上的灵性"大师"的——他不是一个教授理论的老师，而是一个以他的临在唤醒他人和帮助他人寻求意识的人。但她没有谈及她是如何以自己的临在来进行教学的。萨尔斯曼夫人在任何时候、任何情况下都带有一种智慧，或者用她自己的话来说，一种"警醒的态度"。对她来说，活出她所教的东西就是一种存有的方式。

葛吉夫与萨尔斯曼夫人的角色是非常不同的。就像萨尔斯曼夫人自己所说的那样，葛吉夫为他的学生创造了条件，他是影响每个人的主要因素，但他没有采取一种有组织的工作形式，被他植入知识种子的不同弟子无法保持一种共同的努力。萨尔斯曼夫人呼唤大家共同认识到：葛吉夫走后，真正指引他们的是他留下的教导，大家唯一的机会就是一起活出葛吉夫的教导。萨尔斯曼夫人不断地要求大家去理解葛吉夫的教导和分享对有意识的连接的体验。她一再强调，那些必要的练习能够带来对实相全新的感知，带来一个更为稳定的临在。这种临在就像是身体里独立存在的另一个生命一样。活出葛吉夫的教导意味着清醒过来，让那个认同于自身日常机能的自我死去，并在对另一个空间、另一个世界的体验中获得重生。

第四道的一个基本原则就是工作要在生活中并且借由生活来进行。萨尔斯曼夫人在她的《引言》中谈到了这一点，并探讨了葛吉夫带给我们的灵性"道路"到底意味着什么。密教知识的传递需要他人的参与，需要在葛吉夫称为"学校"的地方一起来完成。所有密教学校都有着觉察实相这一共同目标，但采取的方法和"道路"是不同的。葛吉夫把对一条道路的教导带给我们，他不只是带来了理论，而且带来了一种特别的方法——一种"需要被活出来的生活"。

萨尔斯曼夫人对于"学校"的整体概念可以从她组织的各个中心的运作看出来。我们需要理解的是，她讲述的学校是对教学内容进行集体练习的地方，而非一个获取理性知识的学院。这些中心不是对外封闭的，加入时没有既定的资质要求，也没有按学习进展划分的等级。中心里面根本没有老师。在开始的一段时间里，参加者会在一个团体中工作，团体中有一个回答问题的带领人。随后，在更为资深的团体中，大家只是互相交流。第四道是一条理解之路，不需要去信仰或服从一个非凡的领导者。正像萨尔斯曼夫人在本书中所写的那样，"教学是一种引导，只有能进行更深刻质询的人才能担负起服务的责任"。

　　萨尔斯曼夫人不断地对生命的真相进行反思，并把她的想法写在笔记本上。这种深刻的质询是她教学的基础，她会充分地利用每一次的会面。在每一次会面前她都会认真准备，在深思熟虑后把她想要带到聚会中的东西写下来。她一直保存着这些像日记本一样的笔记本，直到生命的尽头。这些资料放在一起，就形成了一部有着40年历史的编年史，体现了萨尔斯曼夫人一生在反思真相和传播葛吉夫教学方面所做的工作。在91岁时，她写道：

> 　　我在写一本书，它讲述了如何在生活中存有，以及如何活在两个层面上。这本书会揭示如何来找到平衡，是从一个层面去到另一个层面，还是找到一个方法安住在两个层面之间。我们的眼光必须超越和穿越我们寻常的思维，向头脑的高等部分敞开。否则，我们就会卡在门槛前，而门却打不开。

　　当萨尔斯曼夫人在十年后去世时，她的笔记本经她小心保存而完好无缺。对于那些她最亲近的人来说，上面这段话就是对于这份遗产的一个清晰的指示：她希望这些资料可以帮助葛吉夫完成他的著作，阐明对真相的真实洞见，并且帮助他完成使命，把一个失落的知识体系带回当代的世界。

　　萨尔斯曼夫人对葛吉夫以及他留下的工作都是全心地投入，将她自己的贡献作为向他的"致敬"。她不断地呼唤他人来活出葛吉夫的教导。这些品质在本书中都有所反映。她经常会去复述葛吉夫的话，有时会重复他的原话。例如，第85节关于八度音阶的文字，她说是来自葛吉夫的；第92节关于分开注意力的练习，就是借用了葛吉夫第三本著作里的文字。她使用葛吉夫的用语来教学，但却加入了自己的洞见。例如，对她来说，

"有意识的工作"需要掌管思维、感受和运动的每个头脑或"中心"同时参与，这样才能体验到统一的临在；这需要一定的"挣扎"，但这种挣扎不是为了**对抗**我们的自动化机能，而是为了达成保持临在这样一个积极的目标；关键是保持一种内在的"观察"，在"觉察的行动"中"保持面对"；一个人必须要像体验"第二个身体"一样来体验临在，才能具有一种不受外界影响的稳定性和独立性。

同时，萨尔斯曼夫人还发展出了自己的语言和说话方式——有力而直接。就像葛吉夫一样，她不太在意传统的语法和词汇，不在乎比喻的连贯性，也不关心是否符合既有的科学概念。对她而言，她最在意的是在描述对意识的体验时语义的清晰，为此，在某些地方甚至需要刻意作出不精确的描述。

我们需要就这本书的一些特殊性事先提醒一下读者。对于生命的真相，以及葛吉夫关于如何活出生命真相的教导，本书中几乎没有作出描述和解释。就像葛吉夫晚年时一样，萨尔斯曼夫人坚持不去以理论的形式讨论第四道的教导。当有人提出一个理论性的问题时，她会一概予以回绝："你需要自己去寻找答案。"对她来说，只有理论，或者没有相关体验的概念是不够的——真相无法被思考。理性的头脑中所拥有的知识，尤其是那些与"我们是谁"有关的想法都是一种对实相的阻隔和遮挡。所以，本书不是对最后终点的景象所作的描述，而是对一次实际旅程的记录，包括走过的路线以及沿途的标志。

萨尔斯曼夫人有她自己独特的讲话方式，她讲话不但用词独到，而且冲击力很强。听她讲话的人会觉得她非常精准地知道自己想要讲什么以及如何来表达。这在她的笔记本上可以得到证明，上面的文字显示出她在四十多年间超凡清晰与连贯的思维。而她在每一刻所表达的其实不仅仅是字面的意思。萨尔斯曼夫人在《引言》中说到葛吉夫以他的**临在**来教学，后面又写到更高层面的知识可以通过理论和语言来传递，但传递者必须要对那些知识有亲身体验，并且可以把它们内在的生命力表达出来。这种表达需要以一种有意识的状态来说话，从而在当下为那些可以跟随的人指明方向。这种教学方式需要非常专注，就像这本书中所反映的那样。我们每次最多只能吸收一节的内容，甚至最多只能聆听别人朗读一节的内容。

就像所有的体验实录一样，对于萨尔斯曼夫人所描述的内在旅程，我们能够理解的程度与我们能够活出那些体验的程度是一致的，也就是说，对这些体验要有耳闻目睹的亲身体验。在这方面，本书与葛吉夫的第三部著作是一致的。他在那本书中预言过，书中的精华只有那些能够理解的人才能够接触得到。每一个看到或听人朗读这本书的人都将能够意识到有什么是他已经了解的，也许更重要的是，他能够知道还有什么是他所没有了解的，从而向一种**未知**的感觉敞开自己。这种感觉被萨尔斯曼夫人称为通往实相的门槛。

这本书由珍妮·迪·萨尔斯曼的几个家族成员和追随者编辑而成。书中的内容完全取材于她的笔记本，只有少数的段落来自于她其他的文章。我们没有试图去分辨她从葛吉夫或别人那里摘录的内容。这些章节是按照素材中既有的主题来进行整理的，其排列顺序大体上与内在工作的不同阶段相呼应。虽然顺序不是按照时间排列的，但一至四篇中的大部分内容都来自于她在葛吉夫去世后的十年间所做的笔记。在那之后，聆听萨尔斯曼夫人讲话的人已经可以从出版的葛吉夫著作中去了解他的理论了。这些著作在本书结尾处的人物背景介绍中都有列举，其中还包括了对三的法则和七的法则这些宇宙法则的总结。

引　言

当我遇见乔治·伊万诺维奇·葛吉夫时,我正好30岁,生活在俄罗斯南部的高加索山区。那时,我对于理解生命的意义有种深切的需求,但又不满意那些看起来有道理,而实际上没什么帮助的解释。我对葛吉夫的第一印象非常强烈和难以忘怀。他有一种我从未见过的表情,一种与众不同的智慧和力量。那种智慧不同于理性的头脑所具有的一般智慧,它有种可以觉察一切的洞察力。葛吉夫在那时非常友善,但同时他的要求又非常非常严格。你会感觉到他能够看穿你,并以一种令人终生难忘的方式让你看到自己真实的样子。

想要真正了解葛吉夫是不可能的。他给大家的印象一直在变化。对于一些不了解他的人,他会以他们所期待的行为方式来扮演一个灵性大师的角色,然后让他们离开。但如果他看到他们在寻求一种高等的东西,他可能会带他们去吃晚餐,谈论一些有趣的话题,取悦他们,让他们开怀大笑。这种行为似乎是更为自发的、更"自在"的。但这真的是他更为自在的表现,还是他有意为之?你也许会认为你很了解葛吉夫,但随后他会有完全不同的行为,你将看到你并不真的了解他。他像一股无法阻挡的力量,不去依赖任何的形式,而是不断地创造新的形式。

葛吉夫为我们带来了关于意识的知识,这是一门科学,它可以让我们看到自己真实的样子和潜在的能力,即需要发展的部分。它可以让我们真正地理解内在的各种能量，理解它们之间的关系以及它们与外界的关系。他为我们带来的教导展示了一条通往意识的道路。然而一条"**道路**"指的是什么呢？对一条道路的**教学**又指的是什么呢？

密教的知识是一门关于人与上帝和宇宙的关系的科学。它的传播需要他人的参与——以所谓的"学校"的形式，因为有一种能量只有在大家一起工作时才能产生。不同的学校会有不同的知识和方法，即道路，但它们会有同样的目标：觉察实相。知识传播的途径是理论和直接体验，即按照学校所教导的特有方式去生活。这会创造一种连接、一种关联，没有它我们就不可能同时活在两个不同层面的世界里。

葛吉夫的教学内容是讲给当代人听的，这些人已经不再知晓如何才能发现古已有之的各种传统揭示的真相，他们带着深深的不满，感觉到孤立和没有意义。但是要如何去唤醒一种可以分辨幻象和实相的智慧呢？

葛吉夫认为，只有在组成人类的所有部分——头脑、心和身体——都被同一股力量以符合它们各自特点的特有方式触碰到时，一个人才有可能接触到真相。否则，发展就只会是单方面的，迟早会停顿下来。没有对这条原则的切实理解，所有的工作都注定会偏离目标。我们会对最根本的工作条件产生误解，只是在形式上不断重复某些努力，永远也无法到达更高的境界。

葛吉夫知道如何利用生活中的情境来让人去感受真相。我看到他在工作时，非常关注不同小组之间理解力的不同，以及每个学生主观上的障碍。我看到他按照一个明确的计划刻意地强调需要学生了解的一个方面，随后对不同的学生又会去强调另一个方面。他在工作中有时带着一种能够激发智慧、开启全新视野的思想；有时带着一种会让人即刻完全真诚地放弃所有机巧的情感；有时则带着觉醒和灵动的身体，对任何需要服务的对象自由地作出回应。

这条路不会让学生与生活隔绝，而是让他们投入生活；这条路兼顾**是**和**否**、所有的对立，以及所有冲突的力量；这条路让学生理解挣扎的必要性，以便在参与其中的同时也能作壁上观。一个人会被带到一个需要跨越的门槛前，在这里，他会在生命中第一次感受到他需要具有百分之百的真诚。穿越也许看起来很难，但落在身后的东西已经失去了曾有的吸引力。在面对某些犹豫不决的情况时，葛吉夫自身的表现为我们提供了一个标准，让我们知道需要付出什么，以及为了避免走错方向我们需要放弃什么。这已经不再是理论的教导，而是将知识化为了行动——一位大师的行动。在葛吉夫的临在前，一个人会因为他的临在而短暂地了解真相，并且愿意为此牺牲一切。这就像是一个奇迹，这确实是一个奇迹。称之为奇迹是因为它所体现的力量来自于高于我们已知世界的空间。

葛吉夫带给我们的是提升素质水平的可能性。为了唤醒我们内在向着这个方向前进的渴望，他通过他的话语、他与我们建立的关系以及他自身的临在来为我们提供帮助。他吸引着我们，将我们带向更高的层面。同时，他通过让我们觉察到自己实际的状态、真实的样子而给我们带来巨大的痛苦。绝大多数对葛吉夫的方法和行为的误解和反对都是因为这样一个事实：他在对我们内在两种特质同时下工夫。

一方面，葛吉夫对我们的本质做工作。他会孜孜不倦地带着耐心和慈爱聆听我们的内在需求，我们会因为内在的不配得心理而对此感到难过。他会关注我们的困难，并且会提供实际的帮助，带领我们迈出下一步。他会在某些特定时刻带着令人难以置信的精确性，为我们指出为了从自动反应系统中解脱出来时在内在所要采取的具体行动。葛吉夫从不会有任何的装腔作势，也不会给我们任何压力。葛吉夫的那份爱和他对于人类局限的慈悲真的是上天给予我们的一份礼物。他让我们感受到自己的可能性、自己的潜力，并且通过他给予的方法让我们对它们的发展充满希望。

另一方面，葛吉夫也坚持不懈地对我们的机能做工作——持续的压力，越来越严格的要求，他将我们置身于可怕的境地，经受各种各样的冲击。他不仅不去博得我们的好感，反而通过将我们推向极限而强迫我们对他进行抵抗和反抗。他这样做的时候是无情的。他通过自身的临在迫使我们下决心去了解我们想要的东西。当然，一个人总是可以拒绝，然后离开。

这就是葛吉夫的伟大之处。他用第一种出离生活的方式对我们的本质做工作，完全专注于内在的行动。而第二种对我们机能的工作则需要在生活中通过生活来进行。他用一只手召唤我们，用另一只手打击我们，让我们觉察到机能对我们的控制。有机会体验这两个方面的人很少。如果没有获得与他这两方面工作有关的素材，我们就不可能理解葛吉夫的方法和行为。

没有葛吉夫这位大师，我们就不可能拥有在那些特别条件下工作的机会。而今他的教导依然存在——发展我们的内在素质。为此，我们必须理解他的教导并遵守相关的纪律。然而这是我们无法自行完成的。我们自己什么也做不到。我们的方法是通过活出这些理论来理解它们，然后依照我们能够活出来的程度去教导别人。传播你无法活出来的理论就是在传播空洞的理论。葛吉夫给我们留下的不只是需要传播的文字和理论，而是一种需要被活出来的生活，一出需要与周围的人共同出演的戏剧，没有这些，工作将会一直是一种想象。

所以，我们有一个责任。葛吉夫带给我们的理论是一门科学的一部分，我们要很好地了解。但只有理论是不够的，如果它没有被我自己所有的部分活出来，我将不会改变——被动且受制于周遭的力量。在宇宙的层面上，人在地球上扮演的角色很重要。没有人类，某些力量就无法发挥作用，无法保持平衡状态。我们对此没有觉察，我们对此没有了解，因而也不会去创造出一股能够与内在其他宇宙能量相连接的力量。

我们必须在内在和周围创造出某种层次的能量，创造出一种能够抵抗周遭影响并且不会自行衰退的注意力。随后这种注意力还需要接收一股更为主动的力量，使它不仅能抵抗周遭的影响，而且还能采取行动，在不同层面的两种能量流之间找到一个稳定的位置。维系这种平衡状态是我们对意识的工作中一直都会遭遇的挑战，是我们每一刻都要面对的困难。

第一篇 对意识的呼唤

第一章 我是沉睡的

1.对本体的向往

人对于他自己来说仍旧是个谜。他有一种对本体的向往，一种对持续性、永久性和绝对性的渴望，即对**存有**的渴望。但构成他生命的一切却是临时、短暂和有限的。他渴望另一种秩序、另一种生活，渴望一个超越他自身的世界。他感觉自己注定要成为那个世界的一部分。

他会去寻找一个想法、一个灵感来推动自己向这个方向前进。于是一个问题便出现了："我是谁——在这个世界里的我到底是谁？"如果这个问题足够有生命力，它会指引这个人一生的方向。然而他却无法回答这个问题。他没有可以用来回答这个问题的资源——他不仅没有面对这个问题所需的知识，他甚至对自己也一无所知。但他还是觉得必须要面对这个问题，于是他会去追问自己到底是谁。这就是上路的第一步。他想要睁开眼睛。他想要清醒过来，想要觉醒。

2.生命力

我们希望自己活着，并且能够投入到生活中去。从我们出生的那一刻起，内在就有种东西驱使我们从外部世界去寻求对它的肯定。我希望有人聆听我和看到我，我希望去掠夺这个世界。但同时，我却不希望被掠夺。我希望总是能占尽先机，但是很快我就遭遇到这个世界的抵抗。于是尽管被这种寻求自我肯定的原始冲动驱使着，我还是得顾虑到其他的人。我的自我肯定经常会以奇怪的形式出现，比如自怜或自闭。

我希望自己活着，我认可生命。我竭尽全力地让自己活下去，内在的那股力量也同样在维持着我身体的生命。我希望能有所收获，或者有所作为。当这样的愿望升起，那股力量就在这里。它推动我去显化（指人在生活中通过各种活动对生命力所进行的展现——译者注）。在生命中所做的每一件事里，我都在寻求对这股力量的肯定。我所有的行为，无论多么微不足道，都是对这股力量的一种肯定。在跟别人讲话或给别人写信时，我在肯定这股力量，我在肯定我的智慧。即使我只是看着一个人，那也是这股力量的体现。我挂起我的衣服，靠的也是这股力量。在这种毫无节制的肯定背后，一定有些真实的东西。我内在的这股力量难以抗拒，但同时，我又不知道为什么要去寻求肯定。我认为我在肯定自己。我认同这股力量。虽然它在我的内在，但我却不拥有它。当我认为自己拥有这股力量时，我就是在无意识地把自己同它分割开来。当我把它的威力归属于自己时，我就阻断了它的运作。这样，我就创造了一个这股生命力无法影响的内在世界。在这个世界里，我对"我"、对自我的感觉都是沉重而毫无生气的。

我们需要觉察到自己在生命力这个问题上的幼稚，我们不断地想要更多。孩子想要**拥有**，而成人想要**存有**。不断地想要"拥有"会制造出恐惧和对慰藉的需求。我们需要在内在发展出一种注意力，让我们能够全然地与高等力量连接。

能量的来源是唯一的。一旦我的能量被引向某一个方向，一股力量就产生了。力量就是活动状态的能量。尽管能量的走向是多样的，但来源都一样。这股生命力，这股寻求显化的力量，总是处于活动的状态。它必须流动。如果我完全被它控制，就只能随波逐流。于是我开始学会反思，如果我不去面对自己未知的另一个部分，我将会一直被这股力量所掌控。

3.我不了解自己

我是谁？我需要知道。如果我不知道，我生命的意义何在？到底是什么东西在我的内在对生活作出反应？我必须尝试去回答这些问题，去看看我到底是谁。首先，我的头脑会站出来给我一些建议：例如，我是个男人或女人，我有什么本领，我曾经做过什么，我拥有什么，等等。它会基于它所知道的一切主动给出一些可能的答案。但头脑其实不了解我真实的样子，它真的不了解当下的我。于是，我去询问我的心。它在这几个中心当中最有可能知道答案（第四道体系认为人有三个中心，理智、情感和运动本能中心，分别对应头脑、心和身体——译者注）。但它能回答吗？它根本不是自由的。它不得不服从于我的自我。这个自我想要成为最伟大、最有力量的人，并且会因为无法出类拔萃而一直痛苦。所以，我的心不敢回答这个问题，它充满了恐惧或疑虑。它这个样子怎么可能给我答案呢？当然，还有我的身体，我能感觉到我的身体。但我就只是我的身体吗？

实际上，我不了解自己。我不了解自己真实的样子，也不了解自己的潜力和局限。我存在着，但却不知道自己是如何存在的。我相信我的行为都是对我自身存在的肯定。我总是用一部分的自我对生活作出反应。我不是以头脑就是以心或身体作出反应。但作出反应的其实根本就不是真正的"我"。我也相信我可以按照自己的意志前进，相信我可以"做"。但实际上我只是被控制，被未知的力量所驱动。所有内在和外在的事件都在自行发生。我只是个被未知力量控制的木偶，但我却看不到自己像个木偶，像个被外在力量控制的机器。

同时，我感觉到我的生命在流逝，就好像它是另外一个人的生命一样。我似乎可以觉察到自己的不安、渴望、悔恨、恐惧和烦闷……但却感受不到自己参与其中。大多数时候我都在无意识地行动，过后才意识到自己的言行。我生活的展开竟然不需要我去有意识地参与。它展开时我却在沉睡。生活中的一次次刺激或冲击会让我醒来片刻。在愤怒的爆发中，在悲痛中或是在危险中，我突然睁开双眼："什么？……这就是我，在这里，在这样的情境下，过着这样的生活。"但冲击一过，我又会沉睡过去，需要很久的时间才会被另一个冲击唤醒。

随着生命的流逝，我可能会开始怀疑我并不是自己所认为的那个样子。我是一个沉睡的生灵，一个觉知不到自己的生灵。在沉睡中，我把理智和智慧相混淆了。理智是一种独立于感受之外的思考机能，而智慧则包含了对思考对象的感受。我的各种机能——思维、感受和运动——都在无人指挥的状态下运作，完全被偶然的冲击和习惯所控制。这是人类最低等的生命状态。我生活在自己那狭小而有限的世界里，被那些基于主观印象而产生的联想所控制。我总是把自己关进这个自我的监牢里。

寻找自我要从询问"我"在哪里开始。我必须去感受"我"的缺失，我们对这种缺失已经习惯了。我必须去了解那空虚的感受，看清那个需要被不断肯定的自我形象，那个虚假的"我"，不过是个谎言。尽管我们一直都在说"我"，但我们并不真的相信它。实际上，我们也没有什么其他的东西可以相信了。正是那种对**存有**的渴望促使我们说"我"。我所有的行为背后都有这种渴望，但这不是一个有意识的动力。通常我会从他人的态度中去确认自己的存在。如果他们拒绝我或忽视我，我就会怀疑自己。如果他们接受我，我就相信自己。

我难道就只是这个需要被肯定的形象吗？我的内在难道真的就没有一个可以临在的"我"吗？要回答这个问题，我需要了解自己，我需要通过直接的体验来了解自己。首先，我需要看到了解自己的障碍。我必须觉察到我非常相信我的头脑、我的思维——我相信它就是我。"我"希望知道，"我"已经读过，"我"已经明白。所有这些都是那个虚假的"我"、我的常"我"（ordinary "I"，直译为寻常的"我"，指我们的小我，与真"我"相对应。以下为行文方便，简称为常"我"——译者注）所进行的表达。是我的小我阻止了我向意识敞开，阻止我觉察到"事物的本相"和"我的本相"。

我觉醒的努力不可能是强迫性的。我们害怕空虚，害怕自己的渺小，于是我们努力去充实自己。但是，谁在努力？我必须看清楚这种努力也是来自于那个常"我"。所有的强迫都来自于小我。我绝不能再被头脑强加给我的形象或理想所愚弄。我需要接受空虚，接受自己的渺小，接受"事物的本相"。在这种状态下，一种对自己全新的感知才可能升起。

4."我"没在这里

真正的"我"来自于本质。它的发展取决于来自本质的渴望——一种对**存有**的渴望，以及随之产生的对**能够存有**的渴望。本质由童年早期吸收的印象组成，这一过程通常到五六岁时停止，这时个性开始从本质中分裂出来。本质如果要进一步发展，就必须活跃起来，突破来自个性的压力形成的阻抗。我们需要"记得自己"，这样我们的本质才能继续接收印象。我们只有在有意识的状态下才能觉察出本质与个性的区别。

通常我们都以机械的方式接收印象。个性接收了印象，然后根据自身的局限以自动化的念头或感受来作出反应。这样我们无法吸收印象，因为个性本身就毫无生气——它是死的。只有通过本质接收的印象，才能被吸收和转化。要做到这点，就需要在接收印象时做出有意识的努力。我们需要一种特定的情感，那是一种对存有、对临在的热爱。我们必须要以对临在的热爱而非占据优势地位的个性来对印象作出反应。这会彻底地转化我们整个思考和感受的方式。

第一件必须要做的事就是获得对自己的印象。我们可以从"我是谁"这个问题出现时带来的冲击开始。在这个片刻会有一个停顿、一个间隙，让我的能量、我的注意力改变方向。它会转回来指向我自己。这样这个问题才能触碰到我。这样的能量会带有一种振动、一个音调，它从未在我的内在奏响过。它非常精微和精细，但却可以与我沟通。我感受到了它。这就是我接收的一个印象，它是一种我对内在生命的印象。我所有的可能性就在这里。接下来我能否向对临在的体验敞开自己就取决于我如何接收这个印象。

我们不了解接收印象的那个时刻，也不知道它为何如此重要。由于印象带来的冲击会影响我们，所以我们需要临在。如果在接收印象的时刻我没有临在，我就会以自动、盲目和被动的方式作出反应，并迷失在那个反应里。我排斥对自己的如实印象。在思考中、在反应中以及在常"我"介入接收印象的过程中，我关闭了自己。我在想象"我"真实的样子。我根本不了解实相。我被我的想象和虚假的"我"编造的谎言所禁锢。通常我会试图强迫自己清醒，但这没有用。想要清醒，我必须学习有意识地向对自己的印象敞开，觉察到我在每一个当下真实的样子。这将会是一个可以唤醒我的冲击，它来自于我接收的印象。它需要我自由地参与到正在进行的活动中，而不是让活动停止。

想要升起对临在的渴望，我必须觉察到自己在沉睡。"我"没在这里。我被一堆无关紧要的兴趣和欲望所围困，而"我"却缺失了。只有在与高等力量连接时，我才能找回那个缺失的"我"。实现这种连接的前提是我必须了解我的内在存在着一种不同的状态，它高于我平常的状态。不满足这个前提就无法工作（在第四道体系中，"工作"指的是对内在下工夫或灵性的修炼——译者注）。我必须在经历日常生活的同时记得另一种生命状态的存在。这就是觉醒。我发觉了两种不同层面的实相。

我需要明白如果没有与高等力量的连接，我自己什么都不是，也什么都做不了，只会迷失在欲望的包围圈里无法脱身。只有当我切实地感受到自己的渺小和对帮助的需要时，我才有可能解脱出来。我必须要感受到将自己与高等力量连接的需要，感受到向另一种状态敞开的需要。

第二章　记得自己

5.我们的注意力所在之处

　　我希望能够觉知到自己，但是以我现在的状态我能了解自己吗？我能觉知到自己吗？我不能，我太散乱了，我什么都感受不到，但我能够看到我在沉睡，看到这种沉睡的各种表现。我已经忘记了我存在的意义，我已经忘记了自己。这时我受到一个冲击，于是我开始清醒，想要觉醒过来。但是在我还没怎么感受到这个冲击时，我已经被使我沉睡的各种因素所控制、所阻碍——无休止的联想、让我难以自拔的情绪和无意识的感觉。我感觉自己又退回到原来那种忘记自己的状态。

　　我们没有意识到自己有多么被动，总是被外界的人、事、物牵着鼻子走。我们带着极大的兴趣开始做一件事，并且非常清楚我们的目标。但过了一段时间之后，这种冲动减弱了，惰性占据了上风。于是我们忘记了自己的目标，需要用新的东西来让自己重新对生活提起兴趣来。我们内在的工作也是如此，有着不同的阶段，总是需要新的力量来推动。这一切都受制于相关的法则。我们必须放弃认为自己可以直线进步的想法。在有的阶段我们工作的强度会减弱，这时如果我们不想倒退，就必须找到更为活跃的新动力。

　　我们的内在有一个被动的"人"，我们只知道这个人的存在，于是就只能信任他。但只要我们保持被动的状态，就不会有任何的改变。我们要积极主动地应对我们的惰性，也就是各种机能的被动运作。如果我们希望改变，就必须在内在去寻找那个隐藏的新"人"。他不会忘记设定的目标，他的力量只能源自我们的渴望、我们的意志，但这个力量需要慢慢地增长。我们必须觉察到一种更为主动的状态，一种更高强度的工作是有可能的。

我需要意识到在常态下我的注意力是聚集于一点的。当我向外界敞开时，我的注意力很自然地就会去关注外界让我感兴趣的东西。我无法控制我的注意力。如果我的注意力完全被外界吸引，我就会沉睡，认同于外界，迷失在生活中。那样我所有临在的可能性都会丧失。我迷失了自己，感受不到自己。我的存在也失去了意义。所以，我首先要学会分开注意力。

我们努力的方向必须保持明确——我们要临在，也就是说，要开始记得自己。当我能分开注意力时，我就可以临在于两个方向，这样我的临在就可以达到最大的程度。我的注意力投注在两个相反的方向上，而我在中心的位置。这就是记得自己的方法。我希望让一部分注意力安住在属于更高层面的觉知上，并在其影响下尝试向外界敞开自己。我必须在注意力上下工夫，让它保持着与内在更高层面的连接。我尝试去真正地了解我的本相。我努力保持临在，同时感受着转向更高层面的"我"以及日常生活中的自我——人性。我希望能觉察到并记得我属于这两个层面。

我们必须看到自己的注意力在哪里。记得自己时我们的注意力在哪里？在生活中我们的注意力在哪里？我们只有直接接触到内在的混乱，秩序才有可能产生。我们不是陷于混乱里，我们**就是**这种混乱的状态。如果我们去观察自己真实的样子，就会觉察到这种混乱。只有直接的接触才会有马上的行动。由此，我开始意识到我的注意力在哪里，我的临在就在哪里。

6.入门第一课

在我所有的显化背后，都有着一种渴望，想要了解自己，想要了解自己的存在以及了解自己是如何存在的。但是在我与外部世界的接触中，一个"我"的形象会同时建立起来。我执著于这个形象，因为我认为它就是我。我会尽力去肯定和保护它。我就是这个形象的奴隶。我很执著于这个形象，并且被与之相关的各种反应所控制，已经没有多余的注意力去了解自己其他的部分。

以我现在的状态，我意识不到比我层次更高的东西，无论是外在的还是内在的。也许在理论上可以做到，但实际上却不行。所以我没有可以用来衡量自己的标准，在生活中只能依靠"我喜欢"和"我不喜欢"来作为衡量标准。我只顾着自己，被动地去追寻能让我高兴的东西。这种对常"我"的重视会使我变得盲目。它是我开始新生活的最大障碍。了解自己的第一个要求就是改变对自己的看法，这需要我在内在真正地觉察到一些以前不曾觉察到的东西。为了觉察，我必须先**学着去觉察**。这就是了解自己的入门第一课。

我试着去觉察我在认同状态下是什么样子，去体验我在认同时是什么样子。我需要去了解认同背后那股力量所具有的强大威力，以及它势不可挡的活动。这种在生活中维系我们的力量不想要我们记得自己。它驱使着我们去显化，并且拒绝回归内在的活动。

觉察自己在认同状态中的样子就是觉察自己在生活中的样子，但是每当我记起自己更高等的可能性，我就会逃开，拒绝接受自己在生活中的样子。这种拒绝妨碍了我对它的了解。我需要很聪明地觉察到自己而又不去作出任何改变，不去改变自己对显化的渴望。我需要觉察到自己就是一台被念头、欲望和活动等各种机能的运作驱动的机器。我需要了解自己是一台机器——试着在我像机器般运作的时候保持临在。在生活中我是谁？我必须去体验，并获得对此更为有意识的印象。

要面对认同的力量，就必须有某种临在的东西参与，即一种稳定、自由，并且与另一个层面相连接的注意力。我希望能够临在于当下所发生的事，同时又保持着对自己的觉知而不迷失。为此，我需要以不同寻常的方式去努力，需要具有某种常"我"所不了解的意志和渴望。我的常"我"必须让出位子。通过保持注意力并记得去观察，也许有一天我将能够真正地做到觉察。如果我能觉察到一次，就能觉察到两次。如果这样的觉察重复出现，我就能够保持觉察的状态。

为了观察，我需要挣扎。我寻常的本性是拒绝自我观察的。我需要做好准备，基于遇到的阻碍去进行挣扎，从说话、想象、表达负面情绪等认同状态中撤出来一些。有意识的挣扎需要选择和接受。我不能再让我的状态来决定我的选择。我必须选择以临在为目的的挣扎，并接受将会出现的痛苦。挣扎肯定会带来痛苦。挣扎是我们寻常的本性很难接受的，这让它很不舒服。这就是为什么一直记得我们的渴望，即我们的工作和临在的意义是如此重要。我们会去对抗某种习惯，比如特定的吃相或坐姿，但我们的挣扎不是为了改变它们。在尝试不去表达负面情绪的过程中，我们不是要与这些情绪本身对抗或是通过挣扎来消除这些情绪的表达。我们对抗的是我们的认同，以便把通过认同浪费的能量用于工作。我们的挣扎不是为了**对抗**，我们要通过挣扎而**有所收获**。

7.我们能够变得有意识吗？

为了临在所做的工作可以让我们具有意识——一种独立于理性头脑活动的特别感知，一种对自己的感知，它包括这些内容：我是谁，我在哪里，什么是我已知的，什么是我未知的。在有意识的时刻，我们会通过直接的感知获得即时的印象。它与我们通常称为"意识"的东西完全不同，后者的角色就是紧跟在体验后面，忠实地把它反映出来，并在头脑中代表那个体验。当这种"意识"把我的念头或感受这样一个事实反映出来时，这已经是第二个行为了，它像个影子一样跟在第一个行为后面。如果没有这个影子，我会意识不到并忽视最初的念头或感受。比如说，我很愤怒，愤怒得已经抓狂，但只有觉知到头脑中这个对愤怒的反射时，我才能觉察到这个愤怒，这个反射会像一个目击者一样轻声告诉我我在愤怒。这种轻声低语与最初的情绪距离太接近了，以至于我认为这二者就是一体的，是一回事，但事实却并非如此。

我们能变得有意识吗？这取决于我们内在的能量以及它们之间的关系，取决于我们内在的每一股能量是否都能够被一股更为主动、活跃的精微能量所管控，它就像块磁铁一样吸引着其他的能量。我们的机能，即我们的思维、感受和感觉所用的能量都是被动的和惰性的。这些能量被用于外在的活动时，其品质对于作为高等动物的我们来说已经足够，但如果把这样的能量用于内在的感知行为或有意识的行为时，其精微程度就不够了。无论怎样，我们还是有些注意力的，尽管只是表面上的。我们可以依照自己的意志把注意力投向一个地方，并把它保持在那里。这种注意力的种子或蓓蕾虽然比较脆弱，但却是从内在深处萌发出来的意识。如果我们想要让它成长，就需要学习专注。这是我们必需的基本功，也是我们能够不依赖任何人而自己去做的第一件事。

练习临在就是记得自己。此时各种机能的注意力不是被外界吸引，而是转回内在来获得有意识的片刻。我需要意识到如果我无法记得自己，就什么都无法理解。这意味着要记得我最高等的可能性，即在回到自我的层面时记得我曾经向高等状态敞开过。记得自己也意味着临在于自己所处的情况——自己所处的位置、所处的情境，以及如何被卷入生活。在这里没有机会做梦。

也许我无法达到一个令我满意的状态，但这并不重要，重要的是为了临在所付出的努力。我们不可能总能找到可以带来新鲜感受的更佳状态。我们对此无能为力，于是就得出结论，认为内在没有任何可以依赖的恒久之物。然而这不是真的，这种恒久之物实际上是有的。在一种更佳的状态中，我们能够觉察到我们拥有获得这种恒久之物所必需的所有要素。这些要素已经存在。这意味着我们内在一直具有这样的可能性。

我经常会忘记自己想要什么，这会削弱我工作的意志。如果不知道想要什么，我就不会付出任何努力，我就会沉睡。如果没有对内在一种更佳状态的渴望，如果不去追求我更高等的可能性，我将无所依靠，我的工作也得不到支持。我必须一再地回到这个问题上来：我到底渴望什么？这必须成为我生命中最重要的问题。如果这种对内在更佳状态的渴望来自于我的常"我"，那么它将没有任何力量。它必须与一些完全不同于常"我"的东西相连接，并且放弃对结果的渴求。我一定不能忘记我**为什么**会去渴望。对我来说，这必须真正地成为一个生死攸关的问题——我渴望**存有**，渴望以某种特别的方式来生活。

8.观察者

我们无法觉察到自己的沉睡状态。在这种状态里，我们会思考工作，我们会想："我渴望临在。"但是，临在的努力跟思考是完全不同的。它是一种为了获得意识而进行的努力。我们必须了解自己在某个时刻是否有意识，以及这种意识的不同层次。我们用内在的观察行为来验证这种意识是否存在。

我面对着一些我所不了解的东西。我面对着一个奥秘，它是关于我的临在的奥秘。我必须知道，以我通常了解事物的方式根本无法了解这个奥秘。但是在理智上，我至少要明白去临在的含义——它不仅需要我的头脑、我的感觉或是我的感受来参与，而且需要我临在的所有组成部分一起来参与。明白这些也许仍然无法使我真正地临在，但至少我有了正确的方向。

谁临在——谁在觉察？谁在被觉察？全部的问题就在于此。

为了观察自己，我们需要一种不同寻常的注意力。我们挣扎着去保持警醒和观察的状态——这就是观察者的挣扎。我们在内在寻找一个稳定的观察者，那个观察者就是临在者。只有观察者是主动的，我其余的部分都是被动的。观察者必须在尝试觉察一切的同时对内在状态有一个印象，并对整体有一个感觉。我们必须学会去分辨真正的"我"和个性的区别，真正的"我"很难被找到，而个性则会去掌控，眼中只有它自己。个性控制着真正的"我"。我们必须要把这二者的位置调换过来，而风险在于我们无法觉察到二者的位置又换了回去。当我认为我需要专注的时候，实际上我需要觉察和了解到我的不专注。

对自己的观察能够让我了解如何更好地集中和加强注意力。它会让我发觉我没有记得自己，也没有觉察到自己的沉睡状态。我是四分五裂的，注意力也是涣散的，根本没有力量去观察。当我清醒时，我努力抽出足够的注意力来抵抗这种涣散，觉察这种涣散。这是一种更为主动的状态。现在，内在有了一个观察者，这个观察者是一种不同状态的意识。我必须一直记得我并不了解自己真实的样子，记得全部的问题就在于是谁临在于这里。以我寻常的思维进行的自我观察会将观察者和观察对象分裂开来，这样只会使强化常"我"的幻象。

在某个时刻，我们在内在会觉察到两个面向，两种特质——一种与一个世界相连接的高等特质和一种与另一个不同的世界相连接的低等特质。我们到底是什么？我们既不是前者也不是后者，既不是上帝也不是动物。我们带着一种神圣特质和一种动物特质投入生活。我们具有双重的而不是单一的特质。如果一个人不能同时活出这两种特质，而只是退缩到其中一种特质中，他有的只是成为人的可能性。如果一个人退缩到他的高等特质中，他就会与他的各种显化疏离，不再重视它们。由此，他就不再能够了解和体验到自己的动物特质。如果退缩到低等特质里，他就会忘记动物特质之外的一切，从而完全被动物特质所控制。这样他只是动物……而不是人。他的动物特质与神圣特质永远是互不相容的。

一个有意识的人会一直保持警觉、保持警惕，他会记得自己双重的面向，并且总是能够去面对自己双重的特质。

第三章　对了解的需要

9.新的知识是必需的

葛吉夫带给我们的第四道体系要我们进行有意识的工作，而不是盲目地服从。体系中一个最基本的观点就是在我们平常的状态下，一切都在沉睡中发生。在沉睡中我们是盲目的，无法依照自己的意志生活。我们完全受制于外部力量的影响，并且被各种机能的自动化反应所控制。我们完全处于被控制的状态，无法接收高等的影响，也无法接收有意识的影响。

人有可能从这种沉睡中觉醒，意识到高等力量，并实现**存有**，他所需的工具就是注意力。在沉睡中注意力会被控制。我们需要把注意力解放出来并投向一个新的方向。这就是**主动的"我"**和**被动的"我"**之间的区别。这就是主动力量与被动力量的对抗，在**是**与**否**之间进行的挣扎。这种对注意力的调动就是实现记得自己的第一步。如果注意力不改变，我们注定会像机器一样。有了这种由我们主动调动的注意力，我们就可以向着意识迈进。

分开注意力能够让我们开始进行自我观察。自我观察必须依据与能量中心及其自动化运作有关的理论来进行，尤其要注意到这些中心没有共同的方向。我们身、心、脑这三个中心使用不同的能量来工作，这些中心综合运作的结果决定了它们对我们的影响。只有这些中心以适当的方式共同运作，我们才能接受到更加精微和高等的力量对我们的影响。当我们完全被低等力量所控制时，高等力量就无法触及我们。一切都取决于我们服从于哪种层面的力量，是高等的还是低等的。在我们现在的状态下，每一种力量都会在我们的内在产生相应的反应。负面情绪是在一个很低层面上发生的否定反应。如果我们的反应发生在较低的层面，我们接收到的东西也一定是低层次的。我们需要遵从支配高等力量的法则，有意识地让我们的意志臣服于高等力量。那些有意识的时刻就是我们具有真正意志的时刻。

我们需要新的知识，需要它给我们带来对人的全新理解以及素质（指一个人内在更为实质的部分，显示了一个人在灵性方面发展和成熟的程度。这部分的状态可以经由有意识的努力而获得提升——译者注）的转变，也就是进化。第四道体系中包含的科学非常古老，已经被我们所遗忘。这种科学不仅研究人的现状，而且研究人的潜力。它认为人具有进化的可能性，并对与这种进化有关的事实、规律和法则进行研究。这种进化是一些无法自行进化的品质所发生的进化。这种进化不是一个自动的过程，它需要有意识的努力和觉察。知识是对整体的了解，但我们所接受的知识都只是片段，我们需要自行把它们组合，以便形成对整体的了解。

第四道需要被活出来。在为了临在所进行的工作中，我首先每天都要找到一种有品质的回归自己的状态。然后我需要有能力去观察我对生命力的认同，并在内在为我的注意力找到一个位置，让它停留在我和生命力之间。为此，我必须与他人一起工作。

10.自我观察

如果我希望了解自己，首先要让我的头脑在进行观察的时候不歪曲事实，这需要我全神贯注。而要做到这点，我必须有想要了解自己的真正需求，必须让头脑在观察的时候排除一切干扰。我从未能够在行动中观察自己。我从未觉察到自己正在以机械的方式运作着而乐此不疲。我需要认识到我的体验和知识会让我走弯路，会妨碍我观察自己。能够观察到这些就是了解自己的开始。

我希望去体验我内在的每一个念头、每一份感受，但我的注意力却总是到处乱跑。我没有一个念头是完整的，没有一份感受会有最终的结果。我的感受在不同的对象上摆荡，被牵着鼻子走，像奴隶一样。在这种持续的活动中，我无法发现这些念头和感受的深刻含义。我的反应必须慢下来，但我要怎么做呢？我无法强迫自己，这只会制造冲突并让我的努力付之东流。当我集中注意力进行观察时，这个动作本身就可以使反应的速度慢下来。如果我的注意力是自由的，不受任何内在的形象、语言的限制，不受知识的限制，感受的活动就会慢下来。在某个片刻，我甚至有机会在反应发生之前觉察到念头和感受的升起。我觉察到它们就是一些事实。我有生以来第一次了解"事实"是什么——它是我无法改变、无法回避的事物的本相。这才是真实的！由于我的兴趣点只在于去觉察，而不会介入，于是这些念头和感受的真正意义就会浮现出来。真相对我来说才是重要的。在这样的状态里，我的认知停止了，我只是在探寻。我要如何了解一个有生命的东西呢？通过跟随。要了解本我，我就必须跟本我在一起。我必须跟随它。

葛吉夫告诉我们自我观察的必要性，但这个练习几乎完全被人误解了。通常我在观察时，都会从一个点去观察，我的头脑会投射出观察的想法，想象出一个与观察对象截然分开的观察者。观察的想法不是观察本身。觉察不是一种想法，它是一种行为，一种觉察的行为。在这里觉察的对象就是我自己，一个活生生的生命，它需要被辨识出来才能过上一种特别的生活。这种观察并不是由一个固定的观察者去观看一个观察对象，它是一个完整的行为，是一种当我们不再区分观察者与观察对象，不再从一个点来观察时才能获得的体验。这时，我们会产生一种特殊的情感，一种**对了解的渴望**。这是一种拥抱所有所见之物的热情，它对一切都感兴趣。我需要去觉察。当我开始觉察时，我会爱上我所觉察到的一切。我密切地、全然地与它们接触，彼此之间不再分裂。我**了解**了它们，正是这种新的状况给我带来了这种了解。我意识到自己的本相,接通了真爱的源头,真爱是存有状态的一种品质。

我真实的本相只能被一种精微的能量——一种我内在具有觉察力的智慧——觉察到。在我寻常的思维与这种智慧之间必须有一种明确的关系,前者必须服从后者,否则我就会迷失在思考的内容里。我的内在不能有任何冲突,无论这个冲突是多么微小,否则我就无法觉察。这个冲突指的是一方面我有了解自己本相的需求,而另一方面我的头脑却只顾自己,我的心也是如此,身体的紧张把我和身体感觉之间的联系切断了。当我发觉自己迷失在黑暗里,我就会感受到对清晰、对洞察的需要。我感受到觉察的必要性,这是一种完全不同的感受,它不同于因为今天的状态不如昨天而产生的想要改变的渴望。随后,那些身体里的紧张就会逐渐地自行消退。头脑的觉察不再寻求一个结果,身体也会向更高等的状态敞开。于是,能量变得自由起来,一种内在的实相显现了。冲突就此消失。我觉察……就是这样……我只是觉察。

没有冲突的观察就好像是在用目光跟随一股湍急的水流、一股洪流时,我们需要用目光对奔流的水作出预测,看到每一个细小波浪的运动。没有时间去构想,去命名,去判断。不再有任何的思考。我的头脑变得安静而敏锐——很有活力但又很安静。它的觉察不会有任何扭曲。静默的观察会产生理解,但真相必须首先被觉察到。秩序产生于对混乱的理解。在让自己成为那个混乱的同时在混乱中保持临在会让我了解到一种新的可能性,一种事物的新秩序。

11.有意识的努力

我为什么要开始工作?要了解我的努力背后的驱动力,我就需要更为有意识的注意力。这种注意力不可能是机械的,因为它需要被不断地调整才能够持续。一定要有个警醒的人在一旁观察，这个观察者将会是一种不同状态的意识。

当我从外在生活中回撤，向我的本相敞开，有时候我会觉得自己属于一种新的秩序，一种宇宙的秩序。我接收到这样的印象，并且觉知到它。这个印象就会成为我临在的一部分。它是来帮助我的，如果我能将它与其他类似的印象相连接，它就能帮到我。通过将它与其他相似的印象关联在一起，我就可以有意识地让这种印象出现。为了尽可能持久地保持对自己有意识的印象，我必须带着主动的注意力来进行观察。

我们会因为有意识和无意识的印象而偶然地产生记忆。这些印象在我们的内在反复出现，但我们却不知道它们从何而来。由于我们没有主动地把它们连接和关联在一起，于是它们会跑掉并消失。由于我们在体验这些印象时没有采取主动的态度，因此它们注定会导致盲目的反应。我需要找到一种更为有意识的态度来对待这些印象。当我觉察到自己的状态每一刻都在变化时，我需要找到一个参照点。我在衡量这些不同的状态时需要参照某种一成不变的东西。我所有的工作都会围绕着这个参照点进行。对我来说，这个参照点反映了我对于"怎样才算是个有意识的生灵"这个问题的实际理解程度。

我在努力保持对临在的感受时必然有所牺牲。我必须自愿地放弃我平常的意志，并且让它来服务。一切都取决于我是否能够主动地参与。我通常会花过多的力气来防止注意力被控制，以避免失去我拥有的状态。我忘记了在什么时候要去寻求帮助。我会信任一些根本无法给我支持的东西，却不会向内在更为精微、更为高等的力量祈求帮助。于是，我得不到支持，也失去了我需要的东西。情况就只能是如此。

我们感受的发展会经历一些与注意力状态有关的阶段。当注意力开始变得主动时，它会具有一种更为精微的品质，并且能够掌握在其他层面上发生的事情。在那些层面上的振动有着不同的波长。当我感受到我的临在时，就会连接到高等力量。同时，我也连接着低等力量。我处于这两者之间。低等力量在我的内在运作着，没有它的参与，我无法感觉到自己。有意识的注意力就存在于两个世界之间。

我们难以理解为什么没有有意识的努力就什么都做不到。有意识的努力与高等特质相关。单凭低等特质是无法将我带向意识的。低等特质是盲目的。当我清醒过来，我会感觉自己属于一个高等的世界，而这只是有意识的努力的一部分。只有在我向自己所有高等和低等的可能性敞开时，我才能够真正地变得有意识。

只有有意识的努力才有意义。

12.显化为内在的意识的神性

我们不断探寻，希望能了解未知，打开通向内在奥秘的大门并走进去。为此，我们必须完全臣服于一种内在的声音，臣服于内在的一种神圣感受、一种对神性的感受，可是我们没办法完全做到。神性显化为内在的意识。我们必须从内在去寻找神圣，寻找上帝。真相，唯一的真相，就存在于意识里。

任何存在于世上的东西都由三股力量组成。它们可以用圣父、圣子和圣灵来代表：圣父，主动的力量；圣子，被动的力量；圣灵，中和的力量。圣父创造了圣子。圣子会回归到圣父身边。下降的力量与想要回归、想要上升的力量是一回事。

人的头脑与身体是对立的，中和的力量来自于能够使它们统一和连接起来的渴望。一切都取决于这种渴望、这种意志。想要彰显上帝，就必须先呈现这三股力量。这三股力量被整合起来的地方，就是上帝所在的地方。我们的注意力在哪里上帝就在哪里。当两股对立的力量被第三股量整合时,上帝就在这里。我们可以去祈祷:"主啊,请慈悲为怀。"我们可以祈求帮助,**让这种整合在我们内在发生**。这是我们能获得的唯一帮助。我们的目标是:在内在容纳、整合这三股力量……成为本体。

第二篇 向临在敞开

第一章　处于被动的状态中

13. 我的机能是被动的

无论我当下处于何种状态，无论我所显化的力量带给我何种感觉，我最高等的可能性都在这里，被我的自以为是形成的厚实屏障所遮蔽。当我感受到内在另一种力量的呼唤，并主动地回应它时，我真正的人生才会开启。这是我第一次主动的行为，它让我做好准备来迎接改变我人生目标的实相。我需要听从那股力量的召唤，而不是去利用它或占有它。我需要理解这种主动的行为，它能够开创一种负责任的生活。

现在的我感到空虚，生活过得没有意义，缺少真正的目标，而且漫无目的。我活着就只是因为我被创造了出来。我感到在生活中没有任何方向感，总是容易被影响，总是受制于我的愿望、我的期待以及我的责任等各种因素。我的机能是被动的，被我所接触到的任何东西所影响，任其摆布。我的头脑听到它自认为了解的话，马上就展开联想；我的心总是在分辨它喜欢和不喜欢的东西，以便决定去探索还是拒绝；我的身体很沉重，不是在消化食物就是在发懒。我感受到自己的被动。当我不得不去显化，去展现自己的时候，我只是以各中心习得的模式对接收到的印象作出反应。我只能看到形式——事情和人，却看不到它们背后的力量。我从未以洞察和对实相的了解为基础去作出反应。我内在那个更为真实的"我"没有出现。所有的内在和外在事件就像梦境一样,因为我没有感受到被它们真正地触动。那么,这些印象所触及不到的部分是什么呢？我内在那个感受不到被深刻触动的部分又是什么呢？

我希望觉察自己。但我用于观察、用于觉察的能量是被动的。我透过某种形象或观念去觉察。我没有真正地在觉察,没有与觉察对象直接接触。既有观念让我的注意力变得被动,失去自由。我对自己所觉察到的形象作出反应,并无数次地重复这种反应模式。我的思维以自动化的方式作出反应,它会去进行比较,并听命于过去多年积累的经验。我能否拥有一种主动的思维,而不再总是从记忆库里调取资料呢？这样的思维能够让自身去面对事实,带着敏锐和接纳,不带任何评判和意见,没有任何念头升起。这样的思维只是迫切地想要了解真相,它就像一束光,并且具有觉察力。

我的感觉也是被动的。我总是以一种熟悉的形式来感觉自己,这种形式与我平常的思维方式相对应。我能否具有这样一种感觉？它更为主动,并可以完全觉知到所接收的能量。这样的感觉就像主动的思维一样,不带任何占有的企图。

当我能够同时体验到这种更为主动的思维和感觉时,我就会发现一种新的渴望,迫切地想要保持住这种状态。只有当想要觉察,想要了解事物本相的渴望强烈到这样的程度时,我才能够觉知到自己,完整地觉知到自己的本相。我清醒的目的不是为了改变,而是为了了解真相,了解实相。改变的是我的态度,它变得更加有意识了。此外,我还觉察到如果没有这种主动的渴望,我将会掉回到自己的梦境里。

我对于了解和理解的渴望比任何事情都重要。它不只是我头脑中的一个想法,或是一种特别的感觉或情感。它向我所有的部分同时发出邀请,但我是否能够学会去聆听它呢？

14.我需要对于自己的印象

在我现在的素质中，缺乏稳定性，缺少一个真"我"。我不了解自己。我开始觉得我必须达到更为完整的**临在**状态。为此，我首先要对自己有一个尽可能深刻的印象。我从未有过深刻的印象，以往有过的印象都很肤浅。它们只是在浅表的层面引发了一些联想，没能让我留下任何的记忆，也没能带来任何的改变和转化。葛吉夫说印象就是食物，而我们并不理解用印象滋养自己的含义，也不了解它对于我们素质的重要性。

对于自己的印象我积累得不多，那仅有的一点积累显得无足轻重。如果我真的想要了解和确信某些东西，我首先需要被我对它的认知所"触动"。我需要这些新的认知。我必须被强烈地"触动"，在当下用自己所有的部分，用整个的自己来**了**解这些东西，而不是只用头脑来**思考**它们。如果我没有足够的印象，没有足够的素质层面的认知，我就不可能信服。如果没有这些认知，没有这些素材，我要如何来衡量事物的价值呢？我要如何来工作呢？没有它们，我无论怎样都难以找到动力的源泉，也不可能有意识地去行动。想要有意识地行动，我首先需要的是对于自己的印象。这些对自己的印象既包括了我在安静的状态下，向自己的本相更加敞开时获得的印象，也包括了我在生活中尝试觉察到自己的迷失时获得的印象。这样的印象积累到一定数量之后，我才能对自己有进一步的觉察，才能有更深入的理解。

我们认为印象是毫无生气的，像照片一样是静止的，但实际上我们接收到的每一个印象都会给我们带来一定的能量。这些有活力的能量作用于我们，使我们具有生气。想要感受到这一点，我就需要对自己有一种新的印象，它与我以往对自己的体验完全不同。我突然能够以一种新的方式对我内在真实的部分有所了解，并且接收到一股使自己生气勃勃的能量。但随后我会失去这股能量，我无法把它留住。它就这么离开了，好像被偷走了一样。当我最需要它的时候，当我需要在生活中保持临在的时候，我得不到支持，迷失了自己。于是，我开始明白对自己的印象就是食物，我必须要接收到印象带来的那股能量并且留住它。

我们需要觉察是什么阻碍了我们，我们需要了解为何接收印象会如此困难。不是我不想接收印象，而是没有能力去接收。我在任何的生活情境中都一直保持着封闭的状态。有时候，也许在一刹那间，我会向印象敞开自己，但随即就开始作出反应。印象被自动地与其他东西联系起来，反应也就开始了。当按钮被按下，这样或那样的想法、情绪或动作就会随之而来。我对这个过程束手无策，主要是因为我无法察觉到它。我的反应把我同印象以及印象所呈现的真相隔绝开来。这就是我接收印象的障碍、壁垒。在作出反应时，我封闭了自己。

我没有察觉到当我被习惯性的机能所控制时会失去与实相的所有连接。例如，我回到我的身体，感觉到我的身体在这里。我感觉到我的左臂，也就是说我对自己的左臂有了一个印象。而当那个印象一旦触碰到我，它就会引发我的念头："手臂……左臂。"当我对自己这么说时，我就失去了这个印象。在想着手臂的时候，我相信我是了解它的。尽管关于手臂的念头不是一个事实，但我对这个念头的相信程度远远超过了我对"手臂的真实存在"这个事实的相信程度。在有关我自己的实相的问题上我也是如此。我在内在对于生命有了一个印象，一旦我开始想"这就是我"时，我就**失去**了这个印象。我把自己的念头当成了事实本身，并且认为自己很了解它。当这种轻率和盲目的信念占据了我的思想时，我就不会再有任何疑问，对于接收印象也不会再有任何兴趣。

我无法有意识地吸收印象，因而不了解自己。但同时我对印象又有着超越一切的渴求。如果无法接收到对于自己的印象，我将永远无法记得自己和了解自己的本相。接收印象的时刻就是变得有意识的时刻。这就是觉察的行为。

15.被我的大脑所催眠

一个不专注的头脑充斥着各种念头。它在被动的状态中会不断创造出一些形象并把它们套用到观察对象上。这些形象会引发存储在记忆中的快乐或痛苦，以及要去满足欲望的幻觉。头脑在一个固定的有利位置上进行观察，创造出一种分离、一种对立、一种评判，并且带着基于已有知识的预设对一切作出反应。这种内在的模式是我们接收印象的最大阻碍，它会评判我们自己，评判另一个人，评判其他所有人，评判一切。实际上，这种我们难以抗拒的强大模式会影响，乃至控制我们全部的生活。无论它在何时何处出现，这种评判都意味着我们的常"我"参与了进来。我们无时无刻不在进行评判，甚至在独处的时候也是如此。这种评判使我们受到无情的控制，而控制我们的正是我们所笃信的那些知识和自我认知。

我的内在有一种根本的能量，它是一切存在之物的基础。我无法感知这种能量，因为我的注意力被记忆中的一切——念头、形象、欲望、失望以及感官的印象——所占据。我并不了解自己的本相，我好像什么都不是，但是有股力量驱使我带着严肃而真诚的态度去看、去听、去探寻。当我尝试去聆听时，我发现自己被各种念头和感受所阻挡。我根本听不到什么，我的能力还不足以让我听到和感受到什么。我渴望了解的东西是更加精微的。我还不具备了解它所需的那种注意力。

有一种自由的注意力不带任何执著，不受任何阻碍，它会让我所有的中心都同时参与进来。这种注意力与来自我内在单一部分的被动注意力是不同的，而我还没有意识到这种差异。我常态的注意力会被我的某一部分所捕获，并被它的活动、它的运作一直控制着。例如，当我去思考当下的感受时，我的头脑就会替代我作出反应，但它的反应不是基于真正的了解和直接的认知。我的念头只是记忆中存储的信息的呈现，与新的事物无关。这种思维只是局限在我内在的一个狭小空间里。它总是带着预设，并把我的注意力禁锢在这个狭小空间里，让它与我其他的部分，与我的身体和心分隔开来。随着我的注意力不断地被投注到川流不息的念头和形象上，我就被我的头脑催眠了。这些念头，以及我所有的欲望、喜好和恐惧都只是通过习惯或是附着来连接彼此的。我的注意力深陷在这个洪流中，因为我从来没有真正地意识到老天给我的注意力是有其他用途的。

  我的头脑能否安静地感知事物呢？它在感知的时候是否能够不去分辨和命名，不在一旁自以为是地观察和评判呢？要做到这些，我需要一种未知的注意力，这种注意力从不会与它所观察的对象分离，它会带来一种完整的体验，不会把任何东西排除在外。只有当我不去排斥任何东西的时候我才能够自由地观察和了解自己。当我的头脑能够在一种专注的定境中保持主动、敏锐和活跃的状态时，就会有一种超凡的品质开始活动。它不属于思维、感觉或情感中的任何一种。这是一种完全不同的活动，它会引领我们到达真相，到达一个无以名状的境地。我的注意力是完整的，不会被分散……在这种状态下，我想看看自己是否能做到"不知"，做到不去为感知到的东西命名。我对自己有种感觉，我习惯性的思维称之为"身体"，但我不知道它是什么，我不知道该如何为它命名。我觉知到紧张——即使是那些最细微的紧张，但我不知道紧张是什么。接着我感受到呼吸，但我不了解它……我待在一个自己所不了解的身体里，被一群我所不了解的人所围绕……于是，我的头脑变得安静下来。

  我开始发现：当我的注意力变得全然，意识充满每一个部分时，真正的了解才有可能发生。那时我不会再有分别心——一切都是平等的。一切都只是纯粹地存在着。创造性的行为就是洞察发生的一切。这样我就学会了观察。

16.取决于我的那些事

我们对了解自己产生了一种更加强烈的渴望，但是我们感受不到足够的动力，感受不到付出有意识努力的必要性。我们知道要做些事情，要付出努力，但到底要付出怎样的努力呢？我们没有切身体验过这个问题。它一旦出现，我们要么忽视它，要么以我们通常的方式来尝试作出回答。我没有发觉要面对这个问题，我需要让自己做好准备。我需要集中所有的力量来记得自己。

在尝试记得自己的过程中，我觉察到我的渴望来自何处，它来自于我的常"我"。只要这种渴望来自我个性中处于核心位置的占有欲，它就不会给我带来直接感知事物所必需的自由。当我看到这些……我会觉得自己自由了一点……但我渴望能保持这种自由，而这种渴望又是来自于我的占有欲。我们好像从一种控制我们的力量中找到了自由，结果却再度回到了它的控制中。我们好像先是走向内在更为真实的部分，然后又向外走，远离那真实的部分。如果能够观察和体验这个过程，我们将会发现这两种活动并不是独立的，它们属于同一个完整的过程。我需要用一种敏锐的注意力去感受它们就像是潮汐的涨落。这种注意力不会被其他东西所吸引，它通过觉察，维持着一种平衡。

我能够分辨内在被动和主动的状态吗？此刻我的力量无所适从，任何东西都可以把它侵占并随意处置。它没有完全被用在我所期望的目标上。我去聆听，我看向内在，但我不是主动的。我用来观察的能量强度是不够的。我的注意力没有与我自身连接，没有与事物的本相连接。这种注意力产生的感知不足以让我自由，不足以改变我的状态。所以，我是被动的。我的身体会自作主张，我的心是漠然的。我的头脑被各种理论和形象所充斥，根本不知道要把自己解放出来。在这种状态中我的各个中心是没有连接的，它们没有共同的方向。我是空虚的……但是我感受到一种对临在的需求，我发现当我的思维能够更为主动地转向我自己时，一种感觉就会出现——那是一种对自己的感觉。我体验到这种感觉……然后我的思想开始四处游荡，于是我会觉察到这种感觉减弱并消失了……我安静而专注地回到自己……那种感觉又出现了。我觉察到思维和感觉的能量强度是互相影响的。这会唤醒一种将它们连接起来的渴望。这样我的三个中心就会参与到达到临在状态这一共同的目标中来。但是它们的连接不够稳定。它们不知道如何聆听彼此，也不知道协调是什么意思。

现在，最重要的是向这种难以形容的新状态敞开，向一种难以名状的体验……对临在的体验敞开。在安静下来时我就能感受到它对我的影响。我没有采取任何行动，但是我的心被触动了。我有了一种未知的感受，它与我对个人的执著没有关联。这种感受是一种直接的了解。当它产生时，我的内在不再有任何孤立的部分。我会感受到**临在**的完整性。这种感受只有在我的思维是自由的并可以保持静默时才会出现。当思维的状态改变时，感受会跟着改变。身体也会作出相应的调整和协调。我不知道各部分之间的这种连接是如何出现的。当这种连接建立起来时，总是像奇迹一样地发生，完全不取决于我，但是去建立这种连接却在很大程度上取决于我。我必须觉察到哪些事情是取决于我的。

首先，我需要学习让我的每个部分保持被动，以便去接收一股更加主动的力量。一切都与力量有关。我们在人世间的存在、临在也都与力量有关。一切都不属于我们，一切都不是我们的。我们在这里要么传导力量，要么在掌握方法后转化力量。我们首先要以一种特定的方式去感受这些力量，在切身感受每一股力量之后去整体地感受它们，从而创造出一股新的力量。这股新的力量可以抗衡其他的力量，可以持久地存在，可以实现**存有**。

第二章　对临在的体验

17. 觉知到"在这里"

在我的内在有一个非常真实的部分——自我，但我总是不愿向它敞开，反而要求外在的一切向我证明它的存在。我总是浮在表面，面向外在去抓取或是来保卫自己。也许我可以采取另一种态度，另一种心态，不去抓取，只是接收。我需要接收一种从外界无法获得的印象——一种对素质、对自身所具有的价值、意义的印象。了解的行为是一种放弃的行为。我必须放开手。

在注意力强一些的时候，我有一种"在这里"的觉知——这是一种观察，一道光，一种具有理解力的意识。意识就在这里，我无法怀疑它，但我也无法相信它，我无法感受到它就是"我"，就是我最根本的本性。我认为我可以寻找意识，看到它并了解它。我们把意识当做一个观察的对象，但是我们无法觉察到意识。如果我能够体验到意识来自于我身体的后面或上方，我就会发觉其实是意识本身在觉察、在了解。没有观察者，只有了解。如果我体验到的意识在我的身体里，那样"我"好像就是这个身体，而意识也就成了身体的一个属性。

当我的头脑能够**如实地**了解自己，我的心也能够**如实地**了解自己时，我就能开始感受到真实意味着什么。另一种思维出现了——安定、静默，并且能够包容我寻常的念头。一种对本质的感受也会出现，它不是一种对形式的感受，但却可以包含形式。于是我具有了一种新的思维和一种新的感受，它们可以觉察到事实，觉察到事物的本相。

所以，现在对我来说，唯一的实相就存在于我觉察自己的努力之中，其他的一切都不是真实的。一切都被我的头脑扭曲了，这使我无法接触到事物的本性。我必须先去接近自己的本性，清醒地觉知到对"我"的意识，并只是专注于此。意识永远都是对自我的意识。我们可以用任何自己喜欢的名称来称呼本我——意识的宝座，甚至上帝的宝座。关键在于它就是中心，就是我们素质的核心，没有它就没有一切。

我需要学会把注意力专注于这个中心并停留在此。我需要去理解临在的这种行为，理解临在的这种主动活动，它总是被一种反向的被动活动所威胁。我觉知到一种我无法占有的实相。这就是我自己，这就是我在素质深处的本相。我觉得自己需要具有某种品质才能将它辨识出来……但又不知道所需的品质是什么。了解这种实相需要更高层次的感知力，而我还从未去开发过这样的感知力。我的贪婪会把我同这个实相隔绝开来，并阻碍我去了解自己真实的状态。我总是想要去得到或抓取我认为应该拥有的东西，但却忽略了尊重。尊重本身就可以带来一种无条件的敞开。

我开始意识到我要获得的东西并不只是属于我的，也并不只是存在于我的内在。它是一种宏大的和更为本质的东西。在它面前，我的紧张——得到释放，直到有一刻，我感受到一种内聚的临在，这是统一的状态所赐的礼物。它给我带来了一个问题——一个与我的存在有关的问题。我每时每刻都对这个问题感到疑惑，一直都不确定，一直都不确信，一直都难以作答，它需要我将自己完全地投入进来。现在，我存在着，感觉到一股难以名状的神秘力量，它带领我走向了这种统一的状态。到底我在向什么样的力量敞开自己……我渴望知道。我在这里。我不是封闭的，我没有被禁锢在内在的任何一部分里。我觉知到自己成了一个整体。

18.觉知到内在的素质

我不明就里地存在着。我的存在本身就是一个我必须回答的问题，无论我是否情愿。我当下的存在状态和我的所作所为就是对这个问题的回答。无论我的觉知力达到何种程度，我的回答都会完全受制于我素质的状态。这个问题总是给我带来新的挑战，而我那总是老一套的回答会让我跟这个问题失去接触，因为在这样的老套回答中常"我"在发挥着作用。

"记得自己"到底是什么意思？它指的不是记得我所代表的那个人——我的身体、我的社会地位以及我的责任，而是觉知到我内在的素质。我渴望变得完整、统一与合一，渴望活出我的本相。当我感受到这个渴望时，好像我整个的方向都会发生改变。不用我做什么，在我各个部分中就会自然地产生一种趋向临在状态的活动。如果要让这种活动自行发展下去，我就必须臣服，并让各部分保持完全同频的状态。这种活动的强弱完全取决于我各个中心的平静程度以及我注意力的自由度。我需要去感受这种临在在我的内在自行形成。

在观察的过程中，我开始觉察到我必须同时与我所有的中心相连接。它们当中总是有某一部分的能量流不是太强，就是太弱。如果我过多地处于头脑里，这种所需的连接就不会发生，如果我过多地处于心里或身体里，情况也是一样。我与所有部分的连接程度必须是一致的。为此，我必须具有一种有意识的注意力，它是一种我所未知的注意力。我只有安静下来，进入越来越深的宁静时才能感受到这种注意力。临在就在这里影响着我，掌管着我，但我必须对它有渴望，有意愿。这样，真"我"就会出现。

我学着去净化用于觉察的力量，这种净化不是去摒弃不想要的部分，转而选择想要的部分，而是要学习去觉察一切，不排斥任何细节。我要学习清晰地觉察。我觉察到一切都同等重要，我能够接受失败对我的积极意义。我上千次地重新开始。一切都取决于我的这种觉察。

我没有试图去寻找或行动，但我可以感受到那个想象出来的自我的重要性，这种感受迫使我一直在通过激烈的斗争来保持它的延续性。而在这个形象后面，我觉知到的是空无、虚空……我不知道自己是谁。我也无法了解这种空无，因为它已经被占据了。当我觉察到这些时，一种**了解**的渴望会从内在升起——不是要去了解一种具体的事物，而是去了解谁在这里，去了解我当下的真实状态。这个空间被占据了。我从紧张中，从不停闪过脑海的念头中，从一波波的情绪反应中感受到了这种占据。我不会去抗拒，也不会逃避或分心。这就是我真实的样子，我欣然接受。在体验这种状态时，我**如实地**觉察着它，仿佛我能够觉察得更深入，穿越它，变得越来越自由。我觉察到自己的不专注。我意识到我的素质就取决于我的这种觉察力。我可以自由地做到既不把自己的一部分当做整体，也不让自己被隔绝在某一个部分里。

我需要发展一种纯净的注意力，它需要具有足够的强度，不被任何主观的反应所分散。我不知疲倦地一再回到感知升起的地方。在这个过程中我的注意力会自行净化，逐渐地去除那些与直接感知无关的部分，只有对实相的印象会留下来。

19."我"的回响

为了临在，我需要一种力量，它既要觉知到自身想要前进的方向，还要有意志力去付诸行动。来自各个中心的注意力必须以恰当的比例投注在这里，共同形成一种有意识的临在。我们的注意力不断地因外界事物的吸引而受到威胁，我们需要觉知到这种吸引。我们有一种对活动的渴望，对创造、对行动的渴求；我们同时也有一种对被驱动、被牵引以及去服从的渴望。这两种力量一直存在于我们的内在。在某个特定的位置主动去面对它们可以产生一股凝聚的能量,这种能量会有自己独立的生命。在这两股力量的摩擦过程中,一种将它们重新统合的力量就会出现。

在一切的生活变迁后面,在我所有的烦恼、悲伤和喜悦后面,有一种更伟大的东西,我能感受到它可以赋予我意义。在与它的连接中,我能感受到自己的存在。它存在于我的外在,也存在于我的内在。它在我的内在,于是我能够了解它——这种生命,这种非常精微的振动。我因为感受到它的纯净而觉得它非同寻常。当我的念头与我的感觉相连接时,我能感受到它。我觉得它就像是一种回响,一种对"我"的感受。这种连接显示出我是一个统一体、一个整体,并且我可以作为一个整体而存在。这种回响是我现在可以了解的另一种内在特质,它经由我的高等中心从另一个世界而来。我能够感受到它在以一种精微振动的形式与我共振,我努力使我的各个部分与这种振动同频。这就需要我的注意力具有一种品质,能够让自身靠近这种振动,并保持与它的连接。我需要一种特殊的能量,它要强大到足以在我的念头和感受面前保持活跃状态。这种能量不会自行减弱或被任何东西所影响。我对觉察自己的渴望中就含有这种活跃的能量。

然而,来自另一个层面的能量驱动着我的念头和情绪。如果要了解它们的特性,我就需要如实地觉察和了解它们。它们来自另一个源头,那是一种惰性的影响力,它把我控制在与它一致的节奏上。如果想要自由,我就必须把自己置身于一种更加主动的影响力之下。也就是说,我需要在内在找到一种足够强大和敏锐的注意力能量,它能够将惰性力量的活动置于它的观察之下。我一定不能让它们逃出我的视野,我必须与它们共存。这些活动就在这里,它们不断吸引着我。如果我无法如实地觉察到它们,就会赋予它们另一种价值,从而去信任和服从于它们。如果是这样的话,无论是这些活动还是我自己都会完全失去意义。因此,为了了解自己,我必须自愿地去探索。

只有通过为了临在而进行的工作,我的注意力才能够得到发展。当注意力具有了更好的品质时，我会努力防止它变弱或被其他东西所控制。我努力尝试，但却失败了，于是我继续尝试。即使失败了，我也会因此开始了解如何才能成功。在这种努力中，我回到内在，然后再度走向外在去显化。我发现当我的注意力完全被外界吸引时，我就彻底失去了它，但如果它走得不太远，我就可以像用磁铁吸东西一样把它拉回来。在注意力的这种活动中，我了解到它的一些特性。我不得不去进行外在的显化，除非我的注意力能够同时投注到生活上和我的内在，否则我将总是会迷失自己。

我们认为可以把注意力平均分开，但其实分开的两部分并非完全相等和相同。我需要去体验那两部分之间巨大的差异。如果我无法以适当的方式来做出密集的努力，我注定会迷失自己。我必须觉察到我之所以做不到是因为我的注意力还不具备所需的品质。这就是我需要努力的地方，这就是我需要练习的地方。只有这才是最重要的。

20.两种能量流

我们并不了解自己在本质中的真实状态，即我们最高等的可能性；也不清楚我们在个性层面的样子，即那些框住我们而又难以摆脱的局限。我们认同于自己的个性，却忽略了它与本质之间应有的连接。而内在的成长始于获得一种认识自己，彻底了解自己的能力。

我必须了解自己有着双重的特质，内在有两股力量：进行显化的下降力量和回归本源的上升力量。我需要同时体会到这两种力量才能完整地了解自己。我的存在一定是有原因的，这两种力量之间需要一种连接。这就是我的临在的意义。

在生活中的每一个事件里——无论是关乎家庭、工作还是精神生活——都有着一种包含内收和外展的双重活动。我们为了一个目标，为了显化而行动，但在这种行动背后却有着另一种能量流。它没有目的性，不去向外放射自己，而是要回归本源。这两种能量流是互相依存的。

我们在理论上知道这两种能量流的存在，但却没有真正地觉知到它们。我对那股上升的能量流了解不足。在我渴望它时，我的内在却没有准备好，我无法感受到这股上升的能量流的生命，无法感受到自己的生命。对于那股下降的能量流我也不了解，我只是盲目地沉浸其中。没有对这两种能量流的觉察，无论身处何时何地，我们对临在状态的渴望都是没有意义的。我需要不断地觉察到它们，以便让我的注意力以及不让自己迷失的意愿找到着力点。

以我注意力现在的状态，我无法同时觉知到这两种方向相反的活动。我会沉浸在一种活动中，忽视或排斥另外一种活动。无论怎样，我都不得不接受这个事实：这两种能量流决定了我的生活，我的内在有两种特质。我必须学会在觉察到低等特质的同时记得高等特质的存在。同时活出这两种特质会给我带来挣扎。我需要对自己的这两个面向留下有意识的印象，先是对单一面向的印象，然后是对两个面向同时的印象。低等特质必须为高等特质服务，但服务是什么意思呢？我必须找到自己真正的位置，并欣然接受。我是被召唤至此的。我必须看到如果我没有临在，就只会去服务于我的常"我"，从而使本质的我走向灭亡。这样的话，在这两种能量流之间什么都没有，没有任何人在那里。

关键在于让这两种力量在我的内在扎根，并去维持它们之间一种稳定的连接。直到现在，那个下降的能量流一直都是我临在的主人，它没有遇到任何的挑战。上升的能量流源自想要**存有**的意志——这不是一般意义上的"意志"，而是一种"渴望**存有**"的意志。首先我需要把这种意志释放出来，给它空间。我必须接受自己被动的状态，只有我真正地处于被动状态，才能感受到那种活跃的振动。我在平常状态下唯一能够做出的努力就是主动地保持被动状态——这就是一种有意识的努力。

第三章　做好准备

21.以新的方式运作

　　我当下的素质状态受制于我的思维、感受和感觉的模式。它们占据了我全部的注意力，把我局限在非常狭小的一部分自我里。如果要超越，我的机能就必须以一种新的方式运作。我需要看到我的思维和感受在探寻我真实的本性时显得非常低效和低能。思维和感受的自动化运作介于世界的本相，即我真实的本相与我对它的感知之间。我内在的状态是混乱、盲目和漫无目的的。我存在着，却不知道为何要存在或是要服务于谁。

　　我的每一种机能好像都只能从基于它们已知事物的角度单独地对印象作出反应。但是，这些机能是无法单独感知到实相的，实相所含有的能量品质太高了。这些机能的力量太被动了。它们如果想要获得在意识层面对实相的了解，就必须在协调统一的状态下去做好准备。这些力量之间只要有任何的不协调，就会失去共同的目标，盲目地依照自己的习惯去行动。因此，我们首先要理解做好准备的含义，它指的是我们的头脑、身体和心做好准备，在同一时间一起去接收一个它们无法预知的印象。它们如果不能安静下来，就无法获得对此时此刻实相的直接感知。我必须去经历看到这些机能介入时产生的失望，这些我信赖的机能只会带来一些来自记忆的形象而非直接的体验。然后，我也许会开始明白为什么这个教学体系会那么强调这样的一个事实：我们的各个中心在运作时彼此完全没有连接。只要这种连接没有建立起来,我就无法超越我惯有的意识状态。

这种连接能够建立起来吗?我能实实在在地切身感受到我缺乏这种连接吗?在当下这一刻,我能感受到我缺乏了解自己的真相以及面前一切的真相所需的智慧吗?我能觉察到自己受制于语言、想法和情绪,充满了疑惑、信念和恐惧吗?我需要通过切身的体验来了解各个中心缺乏连接到底是什么意思。我有一种对自己的感觉,我的思想可以投注在这种感觉上。但它们二者之中总是会有一个过于强势。我不是合一的,不是统一的。

我各个能量中心的协调性以及它们运作的协调性是强求不来的。我需要让它们安静下来,不再躁动,这样才会有一种能量的平衡出现在它们之间。但是我感觉好像缺少了些什么。我感觉自己总是太过被动。我需要一种能量,一种自由的注意力,它不会黏着在任何东西上。这种注意力会包容一切,不会排斥任何东西。它不带有任何倾向性、目的性、占有性以及贪婪,而是一直带着一份真诚。这份真诚来自于一种为了了解而保持自由的需求。

22.发觉一种新的力量

我们希望能觉知到内在能量的状态和活动,这只能在当下完成。我需要在内在具有更多的主动性。我通过练习来尝试临在,尝试清醒过来。但所有那些我还无法掌控的活动都会让我紧张。我渴望,但却无能为力。于是我就会紧张,从而给实现目标增添障碍。我会一再地遇到这样的障碍,直到发现自己对于努力的概念是错误的——认为努力是为了结果而采取行动。这时,我就会松一口气,放手是我达到临在状态的一个明确标志。

观察的练习理解起来并不容易。通常我会希望将自己作为一个客体去观察和了解。我与观察对象是分开的。我试图用不同的中心来了解观察对象。我发现自己在交替地使用不同的中心。我能够觉知到每个中心单独做出的努力,以及它们的焦虑。随后我会发现所有这些努力都是无效的。我在试图用一种被动的能量，一种低品质的注意力去了解、去觉察。这种注意力能量的活跃程度并不比观察对象的能量高，因而无法让我了解观察对象。我试着用一个中心去了解另一个中心，而它们的品质都是在同一个层次的。这就不可避免地会带来冲突。所以，我无法观察。我什么也觉察不到。我有的只是一种涣散和混乱的印象。

　　了解到底从何而来？我要如何觉察自己？我不知道……正是因为我不知道，所以我开始安静下来。于是我的内在升起一种可能性，一种新的力量觉醒了。其他的力量都没有帮助，无法让我接触到真正的事实、接触到我的本相。我渴望觉知生命的真相。我的内在有一种让我无法了解的神秘力量，我的思维和感受都帮不上忙。只有在我不被各种念头和感受网罗住时，这股力量才会出现。它是一种未知的东西，我无法用已知的东西来理解它。

　　只有在完全安静下来时，我才能拥有了解未知所需的自由。要达到这种安静的状态，我必须放下对自己能力的自负和对已有知识的笃信。我必须觉察到自己一再地盲目相信思维和感受告诉我的东西。我需要明白如果我体会不到这些东西的无用，体会不到自己其实很可怜，就会被它们一直蒙骗下去。随后，一种平静就会升起，也许我会学到些新的东西。无论接下来发生什么，这种状态都像是开启了一道门。我能做的就是让门开着，接下来会发生什么我无法预见。

　　我接收到何种品质的影响力取决于我临在的品质。我临在的品质取决于我的思维、感受和感觉之间的关系。为了达到与更精微的力量同频的状态，来自我每一部分的注意力都需要保持专注，在一种全新意义和力量的激发下主动地连接彼此。这样，思维会进行自我净化，感受和感觉也都会如此。各个部分都会为了共同的目标承担起自己的职责并与其他部分一起和谐地工作。这个目标就是：与一种更为精微的临在同频。这种临在需要发光，需要给我的身体带来活力。它具有一种智慧、一种洞见，就像是一束亮光洒在我黑暗而厚重的沉睡状态中。

在当前的状态下，我被小我所控制，无法了解我本体的实质。我还没有准备好。我必须放弃更多的东西，更加着迷于真"我"，着迷于我"神圣的"特质。我感受到这种需求，觉知到这种渴望，这种动力。我感受到这种智慧的觉醒。

23. 我们的态度

我们所采取的态度，我们内在和外在的姿态，既是我们的目标又是我们的道路。

我们每时每刻都不可避免地会采取一个特定的姿态，一种特定的态度。我们的身体总是采取同样的姿态，并且会在头脑中引发相应的姿态或态度。姿态对我们的心也有同样的影响。我被封闭在一个习惯性态度构成的主观世界里，但我对此却没有觉察。我甚至都觉知不到身体的哪些部分是紧张的，哪些部分是放松的。身体用它既定的姿态禁锢了我。我必须在内在和外在都找到一种姿态，让自己从既有的态度中解放出来，从沉睡中清醒过来，向另一个空间、另一个世界敞开自己。

在静坐中，身体的姿态非常重要。必须要有非常精确的姿态才能建立起所需的能量场。同时，我必具找到一种放松、安详和稳定的感受，这会让我的头脑完全做好准备，以一种自然而然的方式放空自己，放掉那些纷扰的念头。当姿态正确时，我的各个中心才会统一并连接起来。这需要我的思维、感受和感觉进行紧密而持续的合作。一旦它们分开，这样的姿态就无法保持了。

我们都在寻求稳定性。而问题的关键总是在于脊柱的姿态，它必须是自由的，但同时又是挺直的。当脊柱不直的时候，感觉与思维，或是思维与感受之间就难以建立起正确的连接。每一部分都保持着相互隔绝的状态，与其他部分之间没有真正的连接。当脊柱挺直时，我们会感觉身体里的能量在影响着身体。身体的密度会有变化。于是不再有形体和**临在**之分——它们是合一的和一样的。

  我用这样的姿态静坐会更加稳定：坐在地板上的坐垫上，让臀部略高于双膝。如果可能的话，将一只脚放在另一条腿的大腿或腿肚子上。交叉双腿会抑制那些活跃的能量，带来最深的平静。双手可以交叠放在大腿上，掌心向上，常用的那只手放在另一只手下面并且拇指相抵。然后，我会挺直身体，让双耳垂直于肩膀。眼睛可以微睁，也可以闭上。如果无法坐在地上，我会坐在凳子或椅子上，但会坐得很直，并且让双膝低于臀部。保持脊柱的垂直可以减少压力，这样上半身就不会感觉到任何的重量。

  开始静坐时，我会尝试让骨盆找到正确的位置，这样身体就不会因为被它牵引而前倾或后仰。如果我的脊柱是竖直的，像一根中轴一样，我的头就会保持正确的姿态。这时，一种放松会自行发生。随着紧张得到释放，我会感觉到有能量向我的小腹移动，而同时又有一股能量向上方移动。我严谨的态度完全来自于一种迫切的需要——避免给我朝向统一状态的活动造成任何阻碍，这种状态是我向高等中心敞开所必需的。这种态度不容易建立。它不是一劳永逸的，需要我一个片刻接着一个片刻地重新建立起来。为此我必须要有一种持续存在的智慧。如果没有主动的注意力，我的脊柱将难以维持这个姿态，我面对生活的这种态度也将彻底失去意义。我需要觉察到一旦我的努力停止，我的态度马上就会成为意识的障碍。而每一次的努力只能够持续一瞬间。

24.统一起来

注意力是有意识的力量,是来自意识的力量。它是一种神圣的力量。我们的探寻是为了连接到一种来自高等中心的能量。有时候我们会对这种能量具有或多或少的直觉。这种直觉就是高等中心对我们的影响,但我们对内在各种机能的执着将我们与高等中心隔绝开来。当我们感应到这种影响时,它就会作用于身体,于是身体会开始接收到更为精微和活跃的感觉。它也会作用于思维,让它能够观察到当下发生的一切。它还会作用于我们的心,引发一种全新的感受。

但是,高等中心对我们的影响是无法从外部找到的,也无法通过低等中心的运作而强行获得。如果要让我的身体、头脑和心感受到这种影响,它们就必须做好一定的准备。在此我会遇到困难和障碍:我必须要让低等中心的能量品质与高等中心的振动相匹配,否则它们之间就无法连接,低等中心也无法在生活中去显现高等中心的影响。这样的话,低等中心就无法作为媒介来提供服务,它们无法接收到服务的指令。于是,它们就不会进行任何有意识的活动,也感受不到任何自我净化的需要。

这种与高等中心的连接为什么不会出现?它有那么难吗?造成这种状态的原因是这些低等中心之间没有连接,没有共同的目标和兴趣。它们感受不到任何统一起来的需要。而这又是由于我们无法觉察和体验到这些中心彼此隔绝的状态以及这种状态所带来的后果。然而,为了让转化发生,我必须有一种全然的注意力,也就是来自我所有部分的注意力。为了让一种融合发生,我的思维、感受和感觉必须统一起来。

在一切开始之初,在绝对者那里有三股力量为了互相了解并形成一个整体而汇聚在一起。它们至今仍旧联合在一起,从未分离。在这种汇聚过程中一些新的东西开始出现。但是,在绝对者那里还有一种不具有统一性的放射活动，它创造出机械性的活动和分裂状态。人内在的一切都是分裂的、隔绝的。我们像一台机器一样存在着。尽管如此，我们还是具有像一个统一的临在一样存在的可能性。当我们感受到某种程度上的统一时，就能够说出"我——我在"。为了保持这种统一的状态，我必须保持一种相应的活动，而我却总是缺乏这样的活动。

　　支配宇宙的法则就在这里，它在我们的内在发挥着作用。我们的目标是让内在所有的力量转向一个中心，再度形成一个整体。我们必须要学会这种提升的活动。但低等世界里的一切都在拖我们的后腿。它们全都需要被净化。在这种统一的过程中，我们的能量会具有一种不同的品质。这种再度统一起来的目的就是获得实现**存有**的力量。

第三篇　共同的方向

第一章　自由的思维

25. 头脑的机能

临在是什么意思，当下在这里又意味着什么？我感觉到我是临在的。我思考着它，我感受着它。三个中心都临在于这里，带着同样的力量，带着同样层次的活动所产生的同一种能量强度。我感受到一股能量能够更加自由地在它们之间循环，而不会被任何一个中心过度紧抓。三个中心主动地滋养着这股能量。这种共同的方向会使得动力同时来自于三个中心的有意识行动成为可能。我希望用自己的所有部分一起去**了解**真相。

为了临在，我必须了解我那理性的头脑是如何运作的，它的功能只是定义和解释，不包括体验。以形象和联想为形式累积的知识构成了思想，它抓住一个体验只是为了将其归入一个已知的类别。虽然它在安静下来时可以容纳新鲜的事物，但思维马上就会把新的东西与过往体验形成的形象相连接，从而把它转化成旧的东西。这个形象会引发一个即时的反应。这个过程往复循环，于是就不会再有任何新的事物。

现在，我能说我已经了解自己的本相了吗？我头脑的态度能让我真正地面对这个问题吗？这种态度的重要性比我所认为的要高得多。我相信自己是无知的吗？我相信自认为了解的那一切都是毫无用处的吗？我可能嘴上认同这些说法，但对此却没有真正的感受。我十分认可我的知识，总是希望找到一个答案或得出一个结论。我因此受到了局限。我所知的一切限制了我的感知，局限了我的头脑。我所知的一切就是一大团记忆，它推动着我去累积和重复类似的体验。

我需要看到我的头脑总是被常"我"的要求、联想和反应所驱动着。这会把头脑毁掉。被联想所驱动的念头不是自由的。它经过的路径上布满了由各种形象、固有观点和体验所形成的障碍。这些障碍使得念头在原地打转或改变方向，却总是给我留下一种念头具有连贯性的印象。然而连贯性并不在于思考的内容，而在于用于思考的能量本身。过于相信思考的内容会让用于思考的能量陷入循环的念头中，丧失流动性和敏锐度，变得越来越衰弱，从而使我们的思想变得狭隘和偏执。我们可以从头部、面部和颈部的持续紧张中发觉这种变化。

被常"我"所限制的头脑不可能平静下来。但我们不可能通过对这种限制的逃避或抗争来让头脑清明宁静下来。这样不会带来自由。我只有通过看清所受的限制才能把自己从中解放出来。忽视和排斥是行不通的，这只会造成新的限制。我需要去觉察和理解头脑的运作。头脑是常"我"、小我的根基与核心。这个"我"在寻求安全感。它是恐惧的，并通过认同来获得安全感。这是一场持久战。我通常的意识里充斥着评判，以及随之而来的接受或拒绝。这不是真正的意识。在这种状态下，没有一个安静的头脑，任何真实的东西都不可能显现。

26.不知的状态

如实地觉察自己就是在感知真相，这是一种直接的感知，它只有在一种不受任何局限的状态中才能出现。我相信我在探寻，但我却看不到我的探寻被驱动它的力量所羁绊。我在寻求摆脱思想、记忆和已有知识对我的束缚。我在寻求超越。我尝试去努力工作，尝试去临在，但是在这种努力中，我被控制了——在整个的努力过程中我一直都处于被控制的状态。第一个阻碍我的念头就是"我在工作"。我其实没有觉察到是谁在工作，我没有觉察到头脑是一个障碍。我给自己寻求的东西赋予一个名称或概念，然后投射出一个形象，从一种匮乏感出发向目标前进。我认为有必要了解自己所探寻的对象。于是，一个代表真相的东西反而比对真相的探寻更为重要了。

我与理性的头脑之间的关系必须改变。我需要看到它的局限，不再幻想它有能力直接感知超越它自身机能的事物。真相是无法被思考的。它也无法只是用思维来探寻，或是凭借对占有或成就的渴望来探寻。真相不可能成为别的东西——**它是客观存在的**。我需要觉察到我的思维会被某个顽固的想法或对形式的执著所阻碍。当我觉察到这一点时，头脑就从这样的想法或形式中解脱出来，一种新的感知就产生了。直接的感知意味着去发现头脑所无法带给我们的全新事物、未知事物。

为什么我的头脑从未发现过任何新的事物呢？因为我被内在积累的所有印象所围困。我被记忆库所局限，这里存储了所有曾经影响过我的事物给我留下的印象。在生活中我所给出的所有答案都来自于这里。逐渐地，我无意识地接受了这种被局限的状态，我头脑的能量也因此衰退。我的头脑失去了活力和力量。它只会积累越来越多的信息。我可以训练我的头脑，让我的知识更加完美。头脑甚至可以变得聪明绝顶，但我仍旧局限在已知的范围内。我要如何超越这种思考方式来让新的事物呈现呢？

我需要足够的自由度来摒弃一切，质疑而不期待答案。我理解到这种摒弃一切已知的"不知"状态，是种最高形式的思考，如果有答案浮现，那肯定是假的。我需要与问题在一起而不去作答，学会如何去觉察，学会不带评判、念头和语言地去觉察。这是一种超凡的行为，需要一种我所未知的注意力。注意力这个要素可以带来自由，带来一种新的思维、一个新的头脑。注意力是人类内在最重要的能量。一个人只有在持续地观察、聆听和质疑，而又不陷入理性的头脑对事物的认知时，才会具有这种注意力。对于面前的问题，我们必须用全然的注意力来关注。如果我们寻求一个答案，我们的注意力就不会是全然的。全然的专注就是静心的状态。

通过保持警醒和静心，我有可能了解思维的特性，也就是它运作的方式。如果我能全然地意识到"我不知道"，我就不再依靠我的记忆去寻找答案。在此刻，也只有在此刻，我才能从我的局限，即记忆的牢笼中解脱出来，直接地感知超越它的事物。我了解到思维的角色就是记忆功能的一个要素，仅此而已。

27.一种新的思维

我们的念头和情绪构成了一个主观的世界，这个世界控制着我们。我们像个懦夫一样被这些浸染我们的低等能量所控制。如果没有对高等能量的渴望，我们的情况将会一直如此。

我把我的思维、念头都当做"我"，就像我把我的身体也当做"我"一样。我随时准备好成为念头的俘虏，因为我从未把自己同它分离开来。我还没有发觉念头在我对意识的探寻中是个极大的障碍。我必须明白我不是我的思维，我没必要去欢迎每一个升起的念头，并对它们有所指望。

我需要看到关于"我"的念头是实现自我意识的最大障碍。我通过感官了解的一切都有一个名称。我头脑里充满了名称，它们变得比它们所代表的事物本身还要重要。我称自己为"我"，好像很了解自己一样，这么做会让我接受一个使自己处于无知状态的念头。如果我学会让自己从名称、从念头中分离出来，就会逐渐了解头脑的特性，解除它对我的蒙蔽。我会了解被思维奴役的含义，以及摆脱这个暴君的可能性。

同时，我的头脑不能逃避，因为想要逃避会带来恐惧，不愿面对事实会带来恐惧。我的头脑需要觉察到它自己，觉察到它自身的运作而又不迷失在语言中。这就需要异常清晰的思维和非常集中的注意力。当语言消失了，还剩下什么？这时我们就会来到感知的门前。头脑会了解到它是孤立的。这时，它才会了解一个词语的意义和重要性取决于它是否能引发感受。如果头脑能够将这个词语当做一个事实来看待，就可以摆脱它的影响。

我需要觉察到我的头脑几乎从未在当下……以及接下来的每一个当下去如实地了解我的本相。对头脑来说专注于事物的本相太过困难，因为它是以记忆为基础的，并且不断地在设想能够**成为什么**。想要**成为什么**的渴望远比事物的本相更加诱人。我的念头很难停留在未知的事物上，因为这意味着放弃对所有已知事物的笃信，哪怕是上一个片刻留下的痕迹。

要面对未知，我的头脑必须彻底地静默下来。这种静默无法通过压抑或牺牲而获得。我无法创造出静默的状态。当头脑觉察到自己难以独自与它所无法衡量的高等力量相连接时，这种静默就会出现。这样，头脑就会停止追寻并放弃想要成为什么的企图。

我需要看到头脑从未安静过，所有基于已知的思考都无法让我体验到实相。这时，我才会发现安静和静默的意义。头脑是有可能安静下来的。于是，我不再去寻求已知的东西，不再去寻求安全感和想要成为什么。我感觉到自己更加自由、更加敞开。我的思想也变得自由了，只专注于每一个片刻，于是每个片刻都会升起对真相的理解。这是获得了解的唯一途径。真正的思考不会得出结论，它总是一再地重新开始。

28.超越我们常态的意识

我们在寻求某种东西，它超越了我们常态的意识、念头和感受所组成的世界。我们认为真相、实相是固定的，就好像是我们需要找到一条路来到达的一个点，但是实相不是固定的，它是活生生的。我们无法用任何已知的东西来衡量它。只有完全自由的思维才能触碰到它。这种思维不受制于任何事物、任何预期和任何恐惧。它完全静止、完全静默，只知道自身的存在。这种只知道自身存在的思维是活在当下的。在此时、此地、当下，它没有任何的期待，也没有什么可以失去。它就是"对本体的意识"——不是像这样或那样的本体，就只是本体本身。它**只是客观地存在着。**

在这里我们找到了思维的源头。我们看到对观察者和观察对象的区分在我们思维的源头就出现了。观察者植根于记忆，它所知道的都来自于过去的体验。它基于记忆来进行观察、思考和行动。这种将观察者和观察对象分开的做法无法接触到实相，只会强化自我。但是当观察者与观察对象合为一体，思维与体验合为一体时，念头就不会产生。在这样的清明状态里，我们就可以像小孩子那样接收到新的印象。眼睛会清晰地接收到外部的图像，但是没有一个在感知的观察者，也没有头脑的加工处理。

如果要体验这种没有观察者的统一状态，就需要先去体验我平常的状态，并且看到它不足以带来我要的这种体验。只要思维在跟随着我的行为和体验并以这样或那样的方式对它们进行评判，我就仍然处在我有限的意识范围内。我仍然受制于我的常"我"。关键是觉察到观察者和观察对象的分裂，觉察到是思维制造了这种分裂。在这样的觉察中，我就能够从思维的操控中解放出来，向另一种实相敞开自己。

我是谁？这个问题之所以会困扰我是因为我与它是分裂的。它在我的面前，但却是在外面。只要这个问题跟我是分开的，没有与我全然地合为一体，我就无法把它搞明白。我要觉察到我无法理解这个问题会给我带来痛苦。当这种痛苦真正发生时，这个问题与我的分裂就会消失，思维会停止，剩下的只有静默。

临在的时刻是短暂的。我刚一回归自己，印象就会触发思考，我就会在思考中再度进入分裂的状态。我远离了自己，不再活在当下。这时，如果我能觉察到这一切，对迷失状态的印象就可以让我再度回归自己。这种回归和离开都是我所需要接受的正常活动。活着和存在的感受就是建立在这种活动之上的。我的念头永远不会止息。一个念头过去了，当下又有一个，后面还跟着另一个。我认同于所有的念头，但如果某个时刻在思维中出现一个空白，我就失去了认同的对象。这样我就自由了。在这种静默中，头脑就可以感知到思维的每一个活动。这种感知不会引发反应，由此产生的能量也不是机械性的和来自头脑的。这种能量正是灵性探寻者长久以来所寻求的。

第二章　内在的感觉

29.一种接触的工具

我希望体验到这样一个事实：我存在着，不只是作为一个身体、一只动物或一台机器存在着，而是作为一个人存在着。我的念头和感受都是动物层面的。当我把注意力转向自己，我发现我从未有过觉知，从未清醒过。我不知道自己的存在，也不知道自己是如何存在的。我完全忘记了这些问题。我一生都从未体验过这些最为重要的东西。

当我尝试把注意力转向自己时，我发现这样做很困难，实际上我几乎从未这么尝试过。我的注意力总是投注在一些**我自己**以外的东西上，什么都比**我自己**重要。我会去思考这个世界，但不会去思考**我自己**，思考我是谁。所以第一步就是去思考"我存在"，思考存在这个事实。没有这种思考，我永远不会记得自己的存在，但是只有这种思考是不够的，这不是一种体验。只有我的思维参与了进来。要记得我的存在，我还需要去渴望。然而我却没有这样的渴望，也根本不在乎。我对自身存在的这个事实没有兴趣。如果我能真正地看到这一点，那将对我是一个冲击。我开始了解原来我的心并不听命于我，我对它完全没有任何控制力。

我想当然地认为自己存在着，但我对此并不**了**解。我不知道作为一个人而存在意味着什么。除非我意识到自己的存在，否则我永远也不会了解我为什么存在以及我是如何存在的。我必须去体验，去了解——我的存在必须是一种有意识的存在，否则它就没有意义。但**了解**和体验又意味着什么呢？我需要看到思考是不够的，我永远无法靠思考去获得体验。我需要让更多的部分参与到我的临在中来，但我要怎么做呢？

我需要看到我缺乏与身体的连接。没有这种连接，我就会陷入导致幻想产生的念头或多变的情绪里。我的身体要么是我的主人，像一个暴君一样不断要我去满足它的需求；要么是我的敌人，不得不为我所有的念头和感受付出代价。我的身体可以为我体验自己的存在提供最好的支持。它处于地球的层面上，从地球上汲取力量。我们生活中的行动就是在这个层面上、这个范围里，而非飘在天上。我需要体会到自己的身体在地球上、在大地上。这要靠我的感觉——感觉身体的重量、体积，更为重要的是去感觉身体里有一股力量、一股能量。我需要通过感觉去体会与身体的深入连接，就好像它已经成为我的亲密伙伴一样。

我们以后会觉察到不同种类的感觉，但现在我需要意识到感觉是一个了解的工具，是一个接触自我的工具。如果我想要了解自己的存在，就需要通过接触来感觉内在的那股力量和能量。比如说，如果我想了解自己思维的品质，就必须通过一种感觉来与它接触。对于身体的能量和情感的能量，我也需要用同样的方法来了解。我需要有一种感觉，不仅仅是对肌肉的感觉、对紧张的感觉，而是一种对能量的内在感觉——一种对身体活力的感觉。

我们很难有主动的感觉。在生活中只有像巨大的悲伤或危险这样偶尔产生的冲击才会给我们带来内在的感觉。如果不是被迫的，我就不会感觉到自己的存在。如果胃不疼，我就会忘记它的存在。但如果要了解自己内在的能量状态，我就必须要有一种主动的感觉。一个有意识的人会恒久地保持对自己的感觉，随时了解自己内在的状态。所以，我们的第一个目标就是发展出一种内在的感觉。

30.服从地球的引力

我的身体服从于地球的引力，它从地球上吸取能量。我内在那股精微的力量，即那股精微的能量则服从于另一种引力。当身体服从于地球的引力时，那股精微的力量就会更加自由，这两种力量的活动就像是互补的一样。人因为这些力量才可以直立起来。无论在什么情况下，我都必须接受这个为我带来平衡的法则，让这些力量在内在自由地运作。当我以有意识的方式服从于地球的引力时，那股精微的力量就得到了解放，我的常"我"、我的小我就能够找到它的位置、它的目标。这两种力量是相互连接的。我服从于这个法则，并且在这些塑造我的力量组成的世界里找到我的位置。不过思考这些是没有帮助的，我必须要把这种状态活出来。

紧张和放松对于我们显化的方式和与周遭世界连接的方式来说，有着重大的意义。在生活中，我们让自己紧张起来以便去抓取、对抗和控制。我们所有的自我证明中都带着紧张。这些紧张会将我们与一种精微的能量和更为根本的实相分隔开来。我们被紧张所禁锢，无法去实现我们的可能性。身体中带着紧张的抗拒会让我们的注意力无法发挥作用。它只能浮在表面而无法渗透到我们内在更深的层面。

我只能通过感觉来接触自己。感觉有很多种。我们通常所了解的那种感觉来自于一种我们无法控制的紧张，无论那种紧张多么细微。当我把思维专注于身体的某一部分时，这种感觉就出现了。这是一种静态的感觉，固定在一个特定的部位。我们只有停止活动才能去研究它。这种感觉会唤醒一种肤浅的能量。它没有深度。为了接收到一种更深刻的感觉、一种对实相的感觉，我必须放松下来，在这种放松中变得完全自由，并让自己做好准备。我需要做的不是去寻找一种感觉，而是敞开自己来接受一种对于精微振动的印象。为此，一种能够让这种振动扩散开来的情感必须出现。这就是为什么葛吉夫会让我们说："主啊，请慈悲为怀。"这会让我们感受到自己的卑微，并且能唤醒一种更深层的能量。

感觉的品质取决于我身体的状态。如果我能够注意到自己平常的状态，我就会发现放松和紧张是一个持续的行为。我要么过度紧张，用暴力、用傲慢去证明自己；要么放松下来，因为脆弱而放弃。当我看到是小我在控制着这样的行为时，我就会开始想要融化它坚硬的外壳，让生命在我的内在展开。然后我可能会体验到一种下降的活动，释放掉我的紧张中积聚的力量。一旦这些力量活动起来，它们会自动地顺从和遵循地球的引力。同时，我会感觉到一股上升的力量出现了，它让我所有的中心整合成为一个完整的临在。

只有在了解到自己的无能和抗拒时，我才有可能接收到一种更为精微的振动。正是因为有了这种了解，我才能够向一种不同密度的振动敞开自己，就好像穿越了一个临界点一样。当下对自己不足的了解会让我整个的身体放松下来，以便能与这种精微的振动形成临在同频。我会开始觉察到感觉有着无穷多的层次，它们代表着一个未知的世界。

我需要宁静和很高的敏锐度才能感觉到体内的临在。这种感觉不是来自于紧张而是通过接触显现出来的。我的身体归于中心，在任何方向上都没有紧张。它不会想要向上，这不是它的本性。它不会拉扯我，我也不会拉扯它。在这里没有紧张。我感觉到自由。我的整体性不再受到任何威胁。我看到感觉就好像是一种臣服于这个临在的行动。对敞开的需求就是我们所说的祈祷。

31. 一种总体的感觉

我需要花很长的时间才能了解我那些紧张的重要性。但我可以觉察到它们就在这里，我内在的能量是不自由的。念头是种紧张，情绪也是。能量被缺乏活力的振动所阻滞，这让我活在内在较为低等的部分里。我被紧张抓住，就好像被粘住一样，致力于满足内在某一部分的特定需求而忽略了整体。我的能量无法自由地去进行体现整体生命力的不受阻碍的活动。我首先需要体验到一种自由的能量。

通常我在内在体验到的能量会以一种低等的形式存在，不够自由。

尽管如此，我也许还是能够以一种更加纯净、更加平静的形式体验到这种能量，并由此体验到自己的本相。为此，我必须愿意释放所有的紧张。我必须保持不带任何评判、企图和期望的状态，完全处于对事物本相的觉知中。也许这时我会在内在感知到一种活生生的临在，对整个的生命有一种总体的感觉。我的觉察包括我整个的身体，也包括整体的活动。虽然我可以着重感觉某一个部位，比如一条手臂、一条腿或是头部，但我必须保持着对整体的感觉。一旦我被某一部分的企图所阻滞，我的感觉就会被扭曲，我的觉察也就失去了意义。

寻求紧张与放松之间的平衡会让我展开与常"我"的抗争。当我放松时，我能感觉到我所有的部分，我与内在的素质是一体的。我是合一的。在我根本的素质中，**我已然存有**，并且是自由的。我想要活出这种状态，就必须保持一种正确的态度，一种正确的内在姿态，一种紧张与放松的平衡。我感受到自己归于中心，同时又对自身有着总体的感觉。尽管如此，我还是能觉察到再次走向分裂，回到紧张状态的倾向。那些紧张是一成不变的，是它们在维系着我的常"我"。我感觉到我需要一种可以把自己从紧张中解放出来的放松状态。

这就是一种为了活出自己本相而进行的抗争，抗争双方的一方是在紧张中不断重生的主观的"我"，另一方是我内在一种未知的生命。我要么被对常"我"的感觉所囚禁，断掉与真我的连接；要么在内在最深处感受到一种对"神性"的向往，由它指明我所要服务的对象。我整个的生命都被这种抗争所影响，如果我希望自己的生命变得有意识，就必须对这种抗争有所了解。我的紧张贯穿了我的生活。它们一直都在这里。我的头脑被一个目标所吸引，而后把这个目标强加给我，我的身体于是会产生相应的紧张。即使在我没有紧迫的目标时，我的内在也会有已经固化的紧张。每一份紧张都会把整个的我牵扯进去。

在寻求对自我的感觉的过程中，我觉察到自己仍然充满紧张。我唯一能感觉到的就是这些纠结，它们像一堵墙一样把我的注意力与我自身隔绝开来。我的注意力无法触及内在以另一种方式活动的临在。我感受到这种缺失。这种缺失感是现在我能接触到的最了不起的真相，它像星星一样为我指明道路。一旦我能够觉知到这种缺失，对它保持专注而不被念头和感受所影响，我就能看到这个形式层面的世界，这个已知世界的局限。为了面对未知，我不得不摒弃这个世界。

32.被灵性化

当前驱动我们的这些力量给予我们的活力是有限的。它们的波动、振动很快就会消失。这些振动是惰性的。我们在活动时使用的能量中没有足够的意愿，没有足够的"对**存有**的意愿"，它也没有能力传播这种意愿。

来自我内心深处的呼唤一直都在。它变得越来越急切，就好像有一股新的能量在期待我听到它的呼唤，在寻求一种连接。在一种静止的状态中，在平静中，这种连接可以更好地建立起来。但这需要我向一种不同的内在密度、一种不同品质的振动敞开自己。对这种全新品质的感知就形成了感觉。我需要在内在感受到灵性的临在。灵性会渗透到物质中并将它转化。我需要灵性的这种影响，我需要被灵性化。

生命力的创造性行为只会在没有紧张，也就是只有空无的地方发生。如果我想发展自己的素质，就必须达到没有紧张的状态，这种状态感觉起来就像是一种空无、一种未知。在这种空无中小我不存在了……这是一种我不了解的东西——这就是我的本质。我感觉到空无是因为那种振动的精微程度要高于我平常所了解的那种内在密度。此时，我接触到了对**存有**的渴望，接触到了一种愿望，想要活出自己超越形式和时间的本相。我通过自己感觉的变化觉知到了这种空无，我的感觉会随着紧张的消解而变得更加精细。

我开始明白纯净的感觉是什么意思：当我的头脑变得自由起来，能够不通过任何既有形象进行觉察的时候，纯净的感觉就会升起。在这种觉察之下，我的身体会放松下来。放松自行地发生了，并且在清晰的觉察之下不断深入。在我们向更伟大的力量臣服的过程中，这种感觉是最先出现的信号。只有我自愿地进入被动状态，这种感觉才会变得有意识。这种行动不是常"我"的所作所为，也不是常"我"力量的体现。支持我的是另一种力量。如果不是这样——如果我在工作时没有真正地了解这种力量——我将无法把自己解放出来。我需要认可一种高等力量，认可一个主导者，并感受到它的权威。这样的认可在我的常"我"、我的小我停止活动时就会产生，这时一种具有特殊品质的能量就会出现，它只要得到我们的认可和服从，就会是无法抗拒的和无所不能的。我们可以和所有的体系一样，用"爱"来命名这种能量，但我们必须了解爱的真正含义。有意识的感觉是向这股力量迈出的第一步。

为了获得一种有意识的感觉，一种对事物本相的感觉，我需要一种新的思维，一种不被任何知识、信念及过往经验所左右的思想。这样的思想可以即时觉察到所有的矛盾和混乱，而同时又保持着平静与安宁。这时，我可以感觉到身体进入完全被动的状态，就好像它已经不存在了一样。保持被动状态是我对身体实现真正掌控的开始。这显示有一股新的能量参与到我的临在中来。我不再允许自己被任何紧张——任何对立、任何念头或感受——所占据。我所有的中心都会来参与实现我唯一的目标：去感知一种精微的振动，直到能够辨识出它独特的品质。

对自己有意识的感觉是灵性显化的特有标志。在这种显化中灵性被物质化并具有了特定的密度，形成了肉身。在肉身中体验到一种纯净的感觉会带来灵性的体验。我们渗透到了能量的世界、精微物质的世界。我的身体在这里，体现为我内在生命力的能量也在这里。我感受到它们是一体的，是一回事。这是可能的吗？面对这个问题，我既无法否认也无法确认，于是一种对真相、对实相的感受就会升起。

第三章　一种新的感受

33.我盲目地相信自己的感受

在面对生活时，常"我"的力量在驱动着我，它的存在完全取决于周遭的世界。这个"我"有一种深深的恐惧，怕自己什么都不是，怕没有安全感，怕没有权力，怕自己一无所有。它很脆弱，很容易受伤，总是需要被认可，很容易灰心，很容易背叛他人，并且充满了自怜。它这种一般性的而非有针对性的恐惧一直都在，怕自己不安全、没有能力或是有其他的弱点。此外，它还一直有着一种贪婪，想要获得，想要改变，想要成为什么。

我通常的情感状态是负面的，总是以自私、自我为中心的角度来对他人和事件作出反应；只在乎什么让**我**高兴，什么让**我**不高兴；**我**喜欢什么，**我**不喜欢什么。我在一种长期封闭的状态中变得麻木，被不停呼喊着"我"的小我所禁锢。而我的素质，我整个的素质都被遗忘了。同时我还有一种去给与、去爱的需求。但是，爱只能在有意识的状态下才能产生。爱是意识的一种品质。

如果我想要了解事物的本相，就必须意识到无论语言还是相伴的感受都不是对实相的感知。语言不是事实，感受也不是事实。它们都是我基于我的局限对印象、对一切触动我的事物作出的反应。我盲目地相信我的感受，从未怀疑过它们。我相信它们是一种客观的呈现，而没有看到它们实际上只是反映了我难以摆脱的局限。因此，我无法明白观察那些感受的绝对必要性——保持面对它们而不去反应，无情地对待我想要反应的渴望。我需要对了解自己的感受升起强烈的渴望，既不袒护它们也不排斥它们。我的思维必须敏捷而精确，这样才能摆脱感受的影响。如果我想要了解感受的意义和它们对我的生活的影响程度，我的注意力就绝对不能减弱或分散。在这样的时刻，我需要向一种产生于静默的智慧敞开自己，只要做到这一点，理解就会升起。

为了开始这种探寻，我必须去观察那些总是占据我注意力的感受——无论是恐惧、愤怒还是妒忌。我总是逃避去观察这些感受，如果我想要觉察到它们，就必须面对它们，并且在每时每刻与它们共处。我会带着自己整个的临在专注于我的感受活动。这种注意力是纯净的，不带有任何野心勃勃的主观企图。为了觉察，它必须一直保持着这种纯净的状态。这是一种高等的能量，比那些搅动我的感受更加有力量、更加有智慧。只有以这种方式来工作，我才能够衡量出自己对这些感受有多么执着。

我需要去体验是什么将我的思想和感受局限在一个特定的范围里——那是一种与控制思想的一系列信念所进行的反复接触。我需要觉察到这种接触对我的催眠作用。为了接触到其他的印象，我需要去感觉到一种属于更高层面的更为精微的能量。与这种能量更为频繁的接触会带来新的可能性。

34.感受会带来连接

我的内在具有一切的可能性，但我还是有可能度过一生却没有任何真正的改变。创造万事万物的最高等能量就在我的内在。它是我的一部分。我需要做的不是让它显现，而是允许它显现，臣服于它的运作。我越努力，就会受到越多的阻碍……无法有任何的进展。我必须学会主动地臣服于最高等能量的影响。在我的内在，这种主动的力量和被动的力量一直都存在，但只有这两种力量是不够的。它们之间没有连接，这就需要第三种力量，即中和力量的出现，它会带来一种特别的感受，从而允许这种连接出现，最终将一切转化。

如果我们可以觉察到这种力量法则的运作，就可以更好地理解为什么觉察自己和保持临在会这么困难。我需要同时临在于自己的两个部分，并且体会到它们之间出现中和力量的必要性。一种新的感受会随之升起——感受到"我"迎向了一种自己也参与其中的更伟大的实相，同时也感受到被我所生活于其中的世界所牵引。这两个世界在呼唤我保持临在，呼唤我理解它们互相依存的关系，以及后者被前者所灵性化的必要性。一种有意识的连接必须出现。

连接是一种接触，是一种以同样的能量强度在同一层面上进行的直接接触。接触有很多种：有时是通过感受，有时是通过感觉，还有时是通过觉察。当三个中心的能量强度相同时，意识就会出现。但有意识的连接不可能来自旧有的思维，那种思维只会执着于语言或形象，它不具有觉察到未知所需的力量。只要旧有的思维仍然活跃，新的境界就不会显现。

我开始发现我内在最高等的能量并不自由，我的念头会影响我的状态。当我看到即使是最细微的念头也会将我控制时，我就会对此加以关注。但我必须更进一步，寻根溯源，觉察到念头的升起。我需要小心谨慎，不带任何预设和想当然的心态，静默地观察头脑的源动力和反应。这是一种需要耐心的艰难努力，它会让我摒弃一切。带着对获得了解、对了悟真相的深切渴望，我会发现新的东西。无论它是什么，无论它与我的预期是否相符。在能够如实面对事实的注意力所具有的特别品质中，会带有一种光、一种智慧——我在使用"感受"这个词时很犹豫，因为我们都想当然地认为自己知道感受是什么。而真正的感受是一种具有了解能力的全新品质。当它出现时，我的思想会放弃它的权威，我的身体也会从思想的控制中解放出来，放松下来。被解放的能量会有自发的活动，我的身体会臣服，以便与这股能量建立起正确的关系。对自己本相的感受会将觉察的客体与觉察的主体整合起来。于是，不会再有觉察对象和觉察者的分别。我既是觉察的客体也是觉察的主体。

当我完全向我的临在敞开，当"我是本体"时，我会进入另一个时间与空间都不存在的世界。我是合一的，我是一个整体。念头停止下来，理性消失了。我**感受**到真"我"的存在。感受是进行了解的根本工具。

35.我感受到"我在"

你们是否看到我们面前的问题是一个与感受有关的问题？我们开始觉察到自身所有感受的不足之处，以及对更纯净、更有穿透力的感受的需求。但我们还没有能够到达内在那个可以让转化发生的深度。我不会放弃我的理想。我渴望活出更加真实的自我，渴望向我更高等的部分敞开，渴望体验到一种会带来了解的情感力量。我需要听到这股力量的呼唤。为此我需要进入一种更深层的静默，让我的感受不再受制于我的小我。这只有在静默中才会发生。

我渴望临在，渴望保持临在的状态，但我却感受到自己的无力，感受到自己无法渴望，也无法存有。我没有一种强烈的渴望或意志。我需要帮助，需要另一种品质的力量。帮助会以一种感受的形式出现，这种感受是更加活跃的，带着更多的坚定，它是来自高等情感中心的一种感受。这时，我会了解到一种临在的全新可能性，它会在我与周遭环境的关系中将我重新定位，并为我的临在赋予意义。

但是，只有在感受到迫切的需求时，我才会获得这样的帮助。迫切的需求来自于对我当前无力状态的觉察和体验。这样，我会对自身的状况具有更加正确和真实的觉知，并且渴望这种力量的帮助，渴望实现**存有**。由于我渴望臣服于与这股力量相关的法则，于是我会为这股力量让出空间，保持专注，以便让我所有的部分愿意接受它的帮助。只要我把这种力量置于首要的位置，我就能接受到它的帮助。但这种无力感转瞬即逝，我会再一次相信在我当前的状态下我能够"做"，并且回到对"我"的想象中，回到盲目的状态中。

要如何理解感受带来的体验呢？我们知道感觉是什么，它是一种内在的触觉。感受则需要另一种品质。它与"喜欢"或"不喜欢"无关，但它仍旧是情感的一种。我可以**感受到**悲伤或喜悦。感受总是会向上升腾。它像火焰一样爆发，然后熄灭。然而我可以**感受到**"我在"。这种纯净的感受是没有对象的。只有当我能够不带有任何观念、语言或形象地觉察，并接触到事物的本相时，我才能够理解纯净的感受是什么。

我开始看到我所生活的世界是一个幻想出来的世界。它不是真实的。我对自己的觉察也不是真实的。我通过思维去觉察自己，迷失在对"我"的想象中。我只有在一些短暂的片刻会触及内在一些真实的东西——我感受到"**我在**"。我对自己的感受会让我了解自己的实相。这时，只有在这时，我知道我在。我回到了本源。现在，我对自身的实相有了衡量标准，这个标准就是实相本身，而非我在通常状态下的普通感知力。这个实相一直都在。它需要成为一个吸引我感受的中心。

葛吉夫给予我们"我在"的练习，让我们来对自己的感受下工夫。我在内聚的状态下会找到对"我"的感受。我把这种感受导入我的右臂——"**我**"，然后在右腿中获得一种感觉——"**在**"。之后，我会去感受右腿；感觉左腿；感受左腿；感觉左臂；感受左臂；感觉右臂。这样重复三次，每一次都去感受"**我**"和感觉"**在**"。随后我会去感受整个身体——"**我**"，然后感觉整个身体——"**在**"。我会一直将"**我**"体会成一种感受，将"**在**"体会成一种感觉。感受是一种更高强度的感觉。这个练习也可以从右腿开始，然后是左腿，按顺序进行。"我在"也可以被替换成为"主啊……请慈悲为怀"。

36.对存有状态的热爱

也许我可以感受到驱动身体的那种能量，感受到头脑和身体之间的连接，但这是不够的。尽管有种平衡被建立起来，但只要我的心没有敞开，这种平衡就没有真正的生命力。

我开始有种渴望，想要具有整体性并感受到自己的整体性，但总是被自身自动反应系统的力量所挑战。一方面，一种趋向统一的活动给我带来了新的感知；另一方面，又会有一种无法阻挡的趋向涣散的活动。这种挑战会在我的内在唤起一种值得信赖的力量，唤起一种在这种状况下所必需的注意力。

能够带来有意识状态的注意力就像一团火焰，它可以融合各种力量，可以带来转化。能够同时觉知到上述两种活动需要一种更为活跃的注意力。我的努力会**唤醒**它，唤醒这股沉睡的力量。这样，我的注意力就完全地活跃起来，同时活跃起来的还有我所有的高等中心和低等中心，即我的整个临在的机能。这取决于一种全新感受的出现，这是一种对**存有状态**的情感。记得自己首先就是记得这种高等的可能性，记得在内在去寻找一种更为活跃的注意力。我渴望了解，我渴望**存有**。

我需要理解改变素质所需的条件，理解没有高等中心的帮助我将无果而终。在平常的状态下，我只会求助于那平凡的大脑，但它没有我所必需的能量。如果我们想有更深的理解，就需要去了解自身的状态，了解自己听不到高等中心的呼唤，也不愿去聆听它们，并在了解这个事实的时候能够有更多情感上的触动。为了改变我的素质，我必须带着感情去理解自己的状态。

我认为我理解自己的状态，但我的情感并没有被触动。这样的思维是被动的，它没有觉察力。它所带来的觉察没有穿透力，无法感知真正的事实，它的能量也不足以触碰到这样的事实。所以，我要么试图避开我的念头和情绪，要么与这些禁锢我的东西相对抗却无法挣脱。我无法从整体上理解我自身的实相，事实也无法影响到我。我思考、我感受、我感觉，或者，反过来，我将注意力突然撤出，进入平静和安心的状态，但却没有意识到我已经变得很被动。接下来发生的并非来自于一种了解的行为，而是出于一种需求，想要紧抓住我所感受到的东西以及我所肯定或否定的东西。我没有觉察到我需要一种没有被念头和感受所污染的能量，它可以渗透到与它对抗之物的核心里。

只有在我的需求变得有意识之后，能够带来改变的那种力量才会出现。我不满意，我的内在没有任何部分可以带来了解。这不是一种焦虑，而是我看到的事实：我各个中心之间缺乏一致。我被这个事实所触动。于是我有了一种新的感受，一种急迫感，一种关切，一种对**存有状态**的热爱。我调动自己去觉察，就在这种觉察的行为中，一种能量产生了。它来自于觉察的行为，而且只要觉察的行为是纯净的，这种能量就会持续存在。这样真"我"就出现了。

觉知自我就是觉知接收的印象。在这个有意识的时刻，觉察的主体与觉察的客体融为一体。整个素质发生了改变。一种纯净的感受产生了，这是一种没有被污染的能量，它是我走向深入所必需的。没有它我将永远无法知晓什么是真实的，永远无法进入一个全新的世界。

第四篇 为临在所做的工作

第一章　在一种安静的状态中

37.理解之道

第四道是一条需要被活出来的理解之道。我们的存在状态，我们的生活方式就是一个恰如其分地反映我们理解程度的事实。我不能说我理解了什么是临在。这肯定不是真的，因为我没有将它活出来。如果我没有保持临在，就说明现在的我对有些东西还没有完全理解。除非有关的疑问在我的内在升起，否则以我现在的状态，我永远也无法理解临在是什么。

我们称之为"工作"的这种努力到底是什么？我们在试图获得什么？今天我理解了什么，我还需要理解什么？我们总是希望对内在的某些东西作出改变，因为我们不喜欢它。这不是一个正确的出发点。它不是以理解为基础的。既然它不是源于理解，就是不值得信任的。我投入的程度与我理解的程度是成正比的。

理解以有意识的印象为基础，它取决于我素质的状态，取决于我临在的状态。我在觉知的片刻所了解的东西才是我理解的东西。一旦我的状态改变，意识水平降低，就会失去这种理解。它会立即被充满联想的思维以及自动化的感受所占据，被我惯有的模式所占据，它们会窃取这种理解并假装它是属于它们自己。我需要将这种倾向作为一个事实来了解，以避免自己被愚弄。理解是一件稀有的珍宝，它必须作为一个活跃的元素融入我的努力中。如果它带着清明进入我的努力，就能够给我正确的动力，并帮助我获得一种有意识的印象，一种新的理解。我们必须要小心，不要让我们惯有模式通过不必要的联想来污染这种新的印象。

在通常的沉睡状态或认同状态中，我们无法了解任何东西。当我处于完全认同的状态时，我已经不在这里了。这里没有人在觉察、在了解。我的注意力也完全没有觉察所需要的自由。在沉睡的状态中我渴望工作，并且尝试了各种方法，但这完全没有用。我很荒谬地在沉睡中去渴望工作，并一直幻想着自己可以做到。我需要去质疑我对自身的幻觉，质疑我习惯性的自我肯定。为了能够觉察，我首要的努力就是清醒过来。

对于清醒的时刻，对于看到自己在沉睡中的样子的时刻，我们没有足够的重视。我们认为清醒意味着进入一种完全不同的生活，那种生活与我们现在的生活完全不同。但实际上，清醒首先意味着觉知到我们当下的状态，觉察和感受到我们沉睡、认同的状态。**只有**当我们临在并觉察到自己的认同状态时，一股动力才会出现。这时我才会有机会清醒过来。随后，在下一个片刻，我开始辩解，开始欺骗。在获得这种印象时，我意识到自己的状态处于很低的层次。我很担心，并希望获得自由。这时，我会渴望临在。在觉察到自己被想象所占据时，我忽然清醒过来，就好像被一束光唤醒一样。我通过觉知自己的梦境而清醒过来。我意识到一个巨大的可能性：在没有完全迷失的时候，我可以清醒过来。

虽然我们可以清醒过来，但我们大多数时候都会拒绝这个机会。我们能够觉知到自己的临在，但却不愿意这么做。当我们这样做时，我们觉察到自己无法保持临在状态。我清醒了，现在我发现自己是沉睡的。我临在，然后再一次迷失。大多数时候我都不在，但我却并不知晓。如果我无法发觉自己是如何迷失的，就会一直陷在这样的循环里找不到出路。觉察、了解成了我最重要的目标。我必须要了解我是有能力的，我有资格去渴望，我可以通过工作来实现临在。我需要对保持临在状态怀有渴望，并且想办法做到。

我质疑自己的方式以及我了解自己需求的方式是非常重要的。我不能再从一个想当然的模糊愿望开始。我必须知道我为什么要工作以及在付出怎样的努力。

38. 每一天

我们需要不断地重新界定我们的目标。这是因为我们在路上会忘记真正的工作和正确的努力意味着什么。我们会忘记辨识出内在的两个层面并将它们连接起来是多么的必要。我们没有觉察到同时进行的两种活动，一种是向外显化的活动，一种是向内回归源头实相的活动，这是两种不同的振动。我总是去滋养对常"我"的感受，盲目地执着于第一种活动，即把我向外拉扯的振动。我被我当下的活动所占据，并且相信这种振动是对我的一种肯定。在这样的认同中，我迷失在我的某个部分里，而意识不到整体的存在。所以，我努力的方向就是去记得自己。

我们在这个世界的法则的影响下受制于我们的认同状态，但是由于我们没有意识到这一点，也不知道其他的可能性，我们会臣服于认同状态并迷失在其中。我们可以从认同中解脱出来，但前提是我们要能够看到这是一种沉睡的状态，并且意识到内在有另一种生命，有一种更高等的实相。为此，我们首先要了解一种不同的状态，它的品质与我们平常体验到的状态是不同的。这只能在静坐中，在一个不受外在生活影响的环境中才有可能实现。

为了达到专注的状态，我的思想只是关注在关于"我"的问题上，我所有的部分都会专心地去了解我的存在。我只在乎一件事："我存在。"我知道我存在。我能够存在，我渴望存在。其他的都不重要。因为我知道我存在，于是我知道周遭的一切都存在。一切都在起起伏伏，生生灭灭。而在这些活动的背后，有一种静止的、不变的东西。我必须要觉知到它，我不能只是浮在表面，而是要尽可能深入地专注于一个难以渗透，更难以安住的层面。我渴望这种了解，对在这个层面能够获得的了解充满期待。这种渴望超越了一切。这是一种有意识的渴望，我想要听到真"我"的声音，听到它在我内在的回响。

每天我必须花上足够的时间——有时会多些，有时会少些——来获得一种清晰的感知，感知到内在的一种临在，感知到内在一种比我的身体高等许多的生命。我需要切实感受到这种临在的存在，而非只是将它作为偶尔触及的一种可能性。为此，我需要进入一种主动的被动状态，安静到足以让一种具有不同品质的能量出现，并被我所承载。这是一种深层的放松，我的机能保持在被动的状态。我允许我的机能来融入我的临在。不是我去融入它们，而是它们来融入我。只有注意力是主动的，这是一种来自所有中心的注意力。我需要一再地找到这种临在，直到它成为我无法质疑的实相。

这种确凿的实相会成为我工作的基础。如果我每天都能回到这种我所理解、信服并有绝对把握的东西上来，我就能看到一条道路、一个方向，从而知道自己的生活是什么样的状态。我将会看到自己被封闭在一个由欲望和兴趣形成的狭窄圈子中，完全被生活所占据。而如果我能够在每天都在另一种状态中，在这个圈子之外体验到自己的存在，那么我将会意识到我实际上是可以逃脱的，我甚至也许会觉察到这个圈子根本不存在。

39. 上升之路

获得对实相的一种内在感觉或感受需要什么样的前提条件呢？我们需要了解相关的途径、过程，并接受这样的一个事实：以我们现在的状态，我们在生活中进行活动时无法向实相敞开自己。我必须要了解自己所走的道路——上升之路和下降之路。我要学会先从日常活动中回撤出来，找到这种临在，找到内在某种真实的东西。随后，我会要再度走向显化。

在转向一种不同品质的感知时，我觉察到自己寻常的思维、感受和感觉都帮不上忙，于是我会放弃惯有的态度和关于自己幻想。我什么也"做"不了。尽管如此，我还是可以觉知到内在的一切是如何发生的，并且找到一种态度、一种内在的姿态，来让自己向高等能量敞开。觉知意味着我所有的部分都已经对此有所了解。走向敞开的状态需要我的每一个部分都变得被动，做好接收高等能量的准备，并且处于记得自己的有意识活动中。这种敞开取决于注意力在每个中心都具有同等的强度，就好像所有的中心都被协调好了一样。这就好像是在缔造一个每一部分都自愿各司其职的世界。

对意识最大的阻碍就是四处游荡的头脑。任何把我拖离专注状态的东西都是我的敌人，但我没必要去对抗这些让我分心的东西，我需要去忽视它们，不用我的能量、我的注意力喂养它们。我的思维非常不稳定，会被每一个冲击所影响，因为我幼稚地期待从思维那里有所收获。这样的思维被侵入大脑的持续不断的念头，以及它们的振动所干扰。尽管如此，我的头脑还是有能力专注于某些念头，通过与它们的频率相连接，阻止其他念头进入意识范围。因此，头脑可以是我被控制的原因，也可以成为我获得解放的一个要素。

在静坐中，我学着把自己同大量的念头分开，只是去感受一个问题的振动："我是谁？"随着我尝试让自己与这个问题共振，一种静默的对"我"的持续感知就会出现在一波波念头的背后。于是，我不再被这些念头的振动所打扰，保持着漠然的状态，对它们没有任何期待。我是谁？我安住在这个问题带来的冲击里，直到所有其他的念头都安静下来。这不太容易，但我不会让自己气馁或恐惧，也不会执着于发展自我意识的这个想法。专注于这个单一问题的目的是让我达到有意识的状态。其他任何附加的想法——即使是与意识有关的——都是无用的、有害的。如果有另一个念头出现，我会意识到它的存在，但不会对它有任何兴趣。这样我的头脑就会沉静下来并具有力量，它有能力在没有思维参与的情况下获得了解。

当我的头脑平静下来，我会感觉到一种更为精微的能量出现了，并在内在感觉到一个活生生的临在。我感受到它来自于我的头部，是一种在各种想法背后的振动，它在我的体内循环——是一股在肌肉里面的能量流。要产生对自己的强烈感觉就需要一种比用于显化的能量流更强的能量流。我扩展了自己注意力所及的范围，让它可以渗透到任何地方，像一张网或一个过滤器般将高等能量流保存住。我最深层、最细微的肌肉是放松的，但只是放松到一定的程度。它们保持着精确的紧张度以便能够保存住能量流——它们既不会因过度紧张而阻断我和身体的连接，也不会因为过度放松而让能量流跑掉。更粗大些的肌肉则是柔软的，没有任何紧张，随时准备被另一种用于显化的能量流所调动。调整紧张与放松间的平衡,即总体的"肌张力",会影响到念头的产生,影响到念头出现的频率,并最终实现对联想的控制。我于是感受到一种宁静,一种对实相的内在感觉。

当我分开注意力,并让心参与进来时,记得自己就会开始变得更加圆满。当我去关注头脑和身体时,心就不可能不参与进来——它无法再置身事外。它不是被我当下状态的品质触动就是被各部分协调性的缺乏所触动。记得自己所必需的特殊能量只有在产生强烈的感受时才会产生。此前的一切,都只是准备工作。

40.练习只是暂时的帮助

当我静坐时,我不会被在日常生活中运作的力量所打扰,可以具有一种包容自身双重特质的正确态度,一种正确的内在姿态。然而在日常生活中情况却并非如此,我会被那些为我的工作制造极大困难的力量所控制。

随着我体验到紧张与放松这两种感觉之间的差异,我会了解到只有在一个放松的身体里,一种对临在的感觉才会出现。这种临在好像需要在身体里建立起它的秩序。我需要去理解这种新的秩序,觉察到自己是它的一部分,觉察到自己对它的渴望。在这样的秩序里我才能活出更为本质的自己。

在回归自己的过程中,我可以做一些练习来使对临在的体验变得明晰。然而练习一直都只是一种暂时的帮助、一种工具,用来帮助我迈出必需的一步,更好地看到我的处境,了解我所要付出的努力。只有在我有需要并且理解了练习的意义时,它才会对我有帮助。否则,练习不但没有帮助,反而会妨碍我获得进一步的理解。因此,不要盲目地去尝试一个练习或是去做布置给别人的练习。

在做练习时,我必须首先问问自己为什么要做这个练习,以及是否真的想做这个练习。否则,我就是在被动地做练习。由于被动状态永远不会带来领悟，所以这个练习也根本帮不到我。在做练习时，我要特别注意用三个中心同时去做练习。如果我看到自己在用一个或两个中心做练习，那么我的努力一定是机械性的或不是完全有意识的。只有三个中心以同等的强度一起做练习时，真正的有意识状态才可能产生。如果动力来自于其中的一个中心，例如，开始时重心位于头部，然后又转移到太阳神经丛——就会出现问题，想象出来的工作只能导致自我欺骗。如果我只是以平常的方式放松下来，也会有问题。没有意识的参与，练习就没有价值。如果要全然地参与，我的头脑需要像个警醒的看守者一样；我的身体需要对内在的能量非常敏感，保证内在没有无意识的紧张；而我的心则需要一直对我真实的状态有所觉知。这样，我才会感受到一股在体内循环的精微能量出现了。

　　由于我难以感觉到整体——我真实的本相，我可以从感觉身体的各个部分开始。我可以在右臂里更多地感觉到这股能量，它是活跃的、流动的。它从我的右臂循环到我的右腿，然后到我的左腿，然后是左臂。我把四肢走一遍后，就可以依次从下一个肢体开始重复这个循环。随后我感觉到那股活跃的能量在背部……在头部……在太阳神经丛……在整个身体里。"我在。"我可以通过在感觉肢体时数数来增加练习的强度——例如，1，2，3，4……4，3，2，1；2，3，4，5……5，4，3，2；3，4，5，6……6，5，4，3……直到9，10，11，12……12，11，10，9，然后再从1开始。

　　在做练习时，我尝试不迷失在练习所带来的体验里。这是一个严肃的时刻。我感受到练习的严肃性。我的工作取决于当下要去了解的东西。如果我的每个部分都能保持它们的主动性，我对真相的体验就会更稳固，对"我在"的体验就会获得一种支持，这是这种有意识的努力所产生的振动，但这种振动可能会马上消失。为了让它保持得更久，我必须有一种主动的思维。在练习结束时的宁静状态里，我下定决心，在下一次练习开始前要一直保有这次练习获得的东西，并且在下一次练习时争取有更多的收获。

第二章　在日常的活动中

41.只能在日常生活中

如果我想了解自己的本相，就必须在生活中保持临在。当我向更高层面的力量敞开自己时，我就能够在那个时刻参与其中，但是停留在那里不是我的角色、我的位置。我无法让自己一直处于这样的连接中，一段时间后，这种连接就只是我的想象了。当我回到生活中，我又开始以我的常"我"作出回应。我会回到惯有的思维和感受中，忘记我曾经实现过的另一种可能性。它是遥远的，离我很远——隔着很远的距离。我不再信任它，在显化中也不再服从于它。我服从于我的反应，在我的主观感受中迷失了自己，并且认同于这些感受。我自以为了不起，不再需要任何东西。我听不到高等力量的召唤。

以我现在的状态，我无法避免在生活中迷失自己。这是因为我不相信自己已经迷失，看不到我愿意被控制。我不知道"被控制"是什么意思。我对此没有觉察是因为我在显化中觉察不到自己，没有真正了解我需要对什么说"是"，对什么说"不"。我没有足够强烈的印象来支持我临在的努力。所以，我第一个有意识的行动就是了解我的机械性，觉察到自己在盲目地服从于一股表现为吸引或排斥的自动化力量，并且意识到自己在这股力量面前的被动性、惰性。我的自动反应系统是一个监牢。只要我相信自己是自由的，就不可能从这个监牢里出来。如果我要做出必要的努力，就必须了解自己在监牢里。我必须要觉察到自己是台机器，了解自己这台机器，并且在这台机器运作的时候保持临在。我的目标是体验到自己的机械性，并且永远记得它。

我对自己的感受在显化时会遇到考验。我们所有的认同都被一股基本的力量所驱动。这股力量是我们必须要去面对的。认同的形式不重要。它们不是问题的核心。我需要回溯到这股力量的源头，看到它就存在于我们每一个面具的背后。它本来是属于我们的力量，但是我们的小我在自我肯定时窃取了它。我们从早到晚都在说着"我"。无论是一个人的时候，还是与他人交谈的时候，我们都在说"我"、"我"、"我"。我们相信自己的个体性，这个幻象支撑着我们的存在感。我们不断致力于成为我们所不是的东西，因为我们害怕自己什么都不是。

同时，我们也是高等可能性的承载者。在状态好一点的时候，我们都会感受到自己是一种更伟大的东西的一部分。我们的内在就带有它的种子。这就是我们作为人类的价值所在。我们必须要意识到这些可能性，才能让它们与我们的生命力相连接，并参与到我们的生命力中来。通过意识到这些可能性，我真正的自我和我的常"我"才能够互相了解并建立起连接。

日常生活会阻碍我去了解隐藏在我内在的高等可能性。它用一种自然而然且难以抗拒的方式将我塑造成今天的样子。但是，当我觉察到内在对立的两种生活，两种受制于不同法则的层面时，我会感受到我必须有一条出路、一个方向。没有这种对立，我就不会感受到这种必要性，也学不会如实地觉察自己。只有在日常生活的情境中，我才能了解我的力量在哪里以及我的弱点在哪里。在了解这些之后，我还将会了解到是否有必要作出改变。

42.显化的源头

生命力一直都存在于我们的内在，它是显化的持续性源头。但我们与它没有接触，没有连接。我们感觉不到自己参与其中。我们不了解我们的生命力。如果我们要了解它，就必须觉察到我们的认同。我们必须接纳自己走向显化的倾向，同时努力觉察到自己被生命力所控制，并且去跟踪自己状态的变化。我们必须主动地去参与这个过程——这是一种我们通过选择、通过抉择而进行的有意识的参与。

我们必须接受这样的情况：我们内在有一股力量，它总是在活动，总是在渴望展现自己，在渴望显化。我的思想将会一直持续，我的感受将会一直持续，我的身体将会一直活动。我一直都对活动有一种饥渴，有一种渴求。而我要如何参与其中呢？我与它的关系又如何呢？以下才是问题的根源——我没有觉察到在我所有显化背后的小我，我并不了解它。我没有觉察到是什么样的动力在内在引发了这种渴求——这种"我"、"我"、"我"的念头伴随着我所有的情绪和动作而生……这种无止无休的"我"的念头。这种动力是我的一部分，我无法否认它的存在。但我不了解我与它的关系，不了解它应有的位置。我甚至不知道它里面的东西是好是坏，或者在面对它的时候要采取什么样的态度。这一切都不是有意识的。我甚至都做不到通过保持面对来了解它。

为了觉察到我的认同状态，我必须接受自己无力保持临在的事实。我必须体验到我的认同状态，不断地寻求对它的了解。要了解一股力量，我们需要先与它对抗。所以我通过对抗认同来了解那股使我认同的力量。但"对抗"是什么意思呢？我要怎样才能有意识地将高等和低等力量区分开来，以便觉知到它们呢？在解放注意力的行动中，我发觉态度是至关重要的。为了保持临在，我需要看到自己的态度何时发生了变化，并且拒绝服从那股控制我的力量。

在通常的认同状态下，我盲目地追随显化的活动。我迷失在自己的一部分里，被当下的活动所控制，无法意识到整体。这会滋养我对"常"我的感受，我相信这种感受是一种对自我的肯定。尽管如此，我的内在还有一股更为精微的能量，它更加灵活、更加强烈。如果我能觉知到它，我就能够确认自己内在的一种更高品质。

我对自己的感受在显化时会遇到考验。我会了解到我对临在的感受不够强烈，它很快就会消失。这种消失是必然的，因为我无法让自己的努力持续。但是我可以重新来过，可以再一次找到同样的力量，同样的真相的味道。然后，我会挣扎着不让自己这么快在活动中消失，我尝试着去了解临在所需的条件。在工作时我需要牺牲什么呢？我要怎样才能具有"意志"呢？又是谁在发愿，谁在渴望呢？如果我有一种对自我的感受，那会是哪一个自我呢？谁在这里？我需要觉察到自己是如何允许自己消失的。

43.来自更高层面的衡量标准

我们在生活中为了工作所做的首要努力就是去发现我们当前的状态与自己最高等的可能性相距多远。逐渐地，我们会了解自己的不同状态，我们的了解就是对差异的了解。我们在安静时和在日常活动中体验到的状态是不同的。在生活中的状态是多变的。我们在这里的状态与那里不同，在此时的状态与一小时后，甚至五分钟后的状态都不相同。我们可以觉察到自己状态的变化，但如果我们只是在同一个层面去记录我们不同的状态，那将是毫无意义的。我们必须把这些状态与更高等的东西相参照才能进行衡量，那些更高等的东西是一成不变的，它是一种始终如一的内在觉察。我们用自己高等的部分来衡量低等的部分。

我们工作的核心就是一种对以更加真实的方式生活的渴望。但是一旦我们开始，所有的阻力都会显现，它们会让我们说谎并且否定我们的渴望。我们缺少一种对自己的感觉或感受。所以，当我们讲出"我"和思考"我"时，我们所肯定的并不是我们认为真实的东西。这就是我的谎言——在肯定自己时却没有体验到真相，没有体验到实相。但我无法同时坚持谎言和真相。要了解自己的本相，我必须腾出空间，放弃我的谎言来获得对真相的感受。我要进行的挣扎就是努力从谎言中解脱出来并在我工作的核心中再度找到真相。为此我需要一个参照点，需要一种一成不变和始终存在的感受——它反映了我对"怎样才算是一个有意识的生灵"这个问题实际的领悟。每当我工作的时候，都要去接触这种感受。这种接触是一种连接，它是否深入取决于一种主动的注意力。这就是我的衡量标准，它可以衡量我的能力以及我此刻的工作品质。

　　为了回归真我，我需要从语言、形象和情绪中解脱出来，这样才能去感觉一种更为精微、更为高等的能量。为了接收这股能量，我必须临在，让所有的中心都准备好进行有意识的行动。如果我能够找到平衡，就可以感受到这种不同能量的存在，感受到与另一个层面的力量的接触。然而，感受到这种与高等世界的接触只是我在生活中为了了解自己所做的有意识努力的一部分。在这个过程中，我只能够了解到自己的一个面向。

　　在工作的时候，我需要先找回因认同而失去的那部分注意力，并且把它与内在最直接的实相相连接。我的注意力会因转向更高等的可能性而改变，但为了临在，我必须在再度转向生活时带着这种全新的注意力。这种注意力的一部分仍旧在觉知我自身的实相，而另一部分则冒着各种认同的风险转向生活。我用一种有意识的努力把自己同时与高等和低等力量相连接。我在中间，在两个世界之间。我的注意力同时在两个方向被调动起来，并且保持活跃的状态，既不会被控制，也不会从行动中回撤。我觉察到了自己素质水平的波动。

44.下降之路

我必须了解自己当下在走的道路——上升之路和下降之路。在撤回内在发现真相后,我就要学习更加有意识地去进行外在的显化,在生活中的活动里保持与实相的连接。

当我在生活中碰巧清醒过来时,我觉察到自己并没有做好准备。我的清醒并不是有意识的选择,我的注意力是涣散的。为了临在,我必须有种不同寻常的渴望或意志,有种不同寻常的品质。我必须以超越寻常的方式来付出超越常"我"层面的努力。

为此我需要作出一个决定。我下决心要在某个预先设定的时刻和情境中记得自己,并保持与两个方向的连接。通常说来,我工作的那些片刻是分隔开来的,彼此间没有连接。当我独自在安静状态下记得自己时,我会脱离生活中的状态。我会排斥自己在生活中的状态,而且也无法了解它。随后,当我尝试在生活中工作时,我没有预先做好准备,我的努力也没有根基。于是,我的努力会变得脆弱、懒散。我需要把静坐中的那些片刻与生活中工作的那些片刻连接起来。我需要下定决心,有意识地把它们连接起来。我在生活中工作的收获必须要进入到独自的工作中,在独自工作中的收获也必须进入到在生活中的工作里。在静坐中,我尝试再度找到对于自己在生活中的状态的印象,并感受到来自它的一种阻力。如果我能够把一种对自己两个面向的强烈印象带入以后的工作中,我就可以主动地作出临在的决定。只要我的努力是明确的,上述这种事先得到认可的连接就可以在我需要的时候建立起来。下决心工作不是件容易的事,因为它需要同时触及我的两个面向。我在这方面能力的薄弱反映了我"做"的力量十分有限。

在作出这样的决定时,我们全部的临在都必须在此,包括我们的常"我"。虽然从有意识的角度看小我是幻象,是令人失望的,但这个"我"却是为我们日常生活提供动力的暂时性核心。它必须要赞同我的决定，这样执行决定时我内在所有的力量才能都参与进来。当然，我的常"我"并不希望如此，它对执行我的决定没有兴趣。但它必须感受到那些更为紧急和重大的事情，并加以认可。在执行决定时，它会抗拒，但同时又不得不接受——接受这种挣扎的状态。在我们选定的工作时刻，当我们记得自己的决定时，我们需要感受到对更伟大的力量的一种遵从、一种臣服。这样，我平日的那股生活动力才会愿意以高等力量的名义去执行我的决定。于是，我们被转化的生命力成了我们行动的核心动力。我必须要足够精明才能觉察到我在生活中的状态。我没必要去改变对显化的需求。我需要出其不意地觉察到自己，同时分开我的注意力。这几乎是不可能的事。

在执行决定时，我们必须"有自己的衡量标准"，这样才能保证付出的努力是正确的。这意味着去衡量那些力量。如果我要进行有意识的挣扎，就需要了解自己的能力——什么是我能做到的以及什么是我做不到的——并预估到将会遇到的阻力。有一些障碍是我必须去了解的，包括常"我"的幻象以及对自己能力的不断质疑。我的被动特质是不会甘心放弃的，它是个狡猾的家伙。它会告诉我它无法作出决定或执行决定。这是真的，它确实不能，但我内在的其他部分是可以的。我需要去聆听这些部分而非来自被动特质的怀疑。我现在还做不到在任何情况下保持临在。选择一项与我的衡量标准、我的临在能力相适应的活动是非常重要的。我需要觉察到即使在最简单的活动中我都无法向临在敞开。

每当有所收获时，我总是会倾向于因满足而停止工作。当我完全停滞不前时，我会忘记自身惰性的力量，忘记重新开始有多困难。我必须学会持续地为工作创造动力，创造一些艰难，但又不是极为艰难的条件。如果创造的条件不够艰难，它们就无法扮演动力的角色。如果创造的条件过于艰难，它就会产生让我停滞不前的阻力。不要对自己作出你不知能否兑现的承诺。如果你要完成一项任务，就必须在一开始的时候强烈感受到它的迫切性。为了制造出挣扎，我的渴望必须与认同背后的强大力量一样有力。

第三章　保持面对

45. "了解自己"

我的临在中包含两种活动：一种趋向源头的活动和一种趋向生活的活动。我需要觉察到并记得自己属于两个层面。要变得有意识，我就必须感受到一种高于我的实相，必须意识到没有它我什么都不是，也没有力量来对抗认同的控制。于是，我会向这种实相敞开，有意识地接收它的影响和滋养。达到这样的状态所需的态度是我所难以维持的。我总是会回到对常"我"的感受上，而它不了解自己必须去服务。这个"我"是盲目的。它相信自己是自由的，并总是会回到被控制的状态中。

当我觉察到自己的状况时，就会开始理解这个由我生命力喂养的"我"的幻象，就会感受到我需要具有一种对自己的全新态度。我首要的努力是把自己的注意力从认同中解放出来。但我的内在没有可靠性和稳定性。我需要了解如何努力才能形成一个核心，才能让注意力有一个更为稳定的重心。为了保持与两个层面的连接，我的注意力必须被充分调动起来，同时投注在两个方向上。这种被分流的能量所具有的力量就是我注意力所具有的力量。

我们对于安住在两种力量之间的短暂时刻没有给与足够的重视。在记得自己的每一个步骤中，我们都会遭遇怀疑。我怀疑自己，怀疑自己那更为真实的部分，怀疑自己是否能找到帮助——那是一些超越已知的高等可能性。我需要在这种即使是最佳状态中都会出现的谎言面前保持真诚的状态。我需要与怀疑作斗争，直到它认输。这时，帮助就会出现，呼唤我继续保持真诚的状态，保持与高等能量的连接。我没有必要总是达到一种至高无上的境界，只要能够达到保持临在久一点的境界就可以了。我只需保持在高于沉睡状态的层面——只是高出一点点，但却具有稳定性，这已经是非凡的了。它可以唤醒我们内在的一些东西。我们需要了解自己的真实状态——无论是无意识的奴隶还是有意识的仆人。

我们的注意力没有重心。它没有被一股有权威的、能够左右它的力量所控制，因而会不断地被牵引到任何地方。也许由此我会发现自己没有准备好，因为我的注意力并没有准备好。我无法在更加内聚，回到更深内在的同时，更多地走向外在。那么，我到底需要怎么做呢？内在的实相是我生命的源头，但我绝对有种向外展现自己的需要。如果我把内在的实相看做是磁铁的一极，那么外在就是相对的另一极。这样，我也许就能明白注意力是什么。它是一股把我同源头和外在世界连接起来的能量，让我能够去接收知识，也就是去**了解**。

我们频繁地使用"了解"这个词，以至于让它失去了意义。但是，当我们说"我希望了解自己"时，我们指的不是获得概念上的了解，不是获得那些一劳永逸，可供日后被动地为我们所调用的了解。我们指的是一种强烈而活跃的行动。在经历过临在、清醒所带来的第一次冲击并回归自己后，我们会挣扎着去保持面对内在的两种活动、两个层面。对维系这种临在状态的需求会带来第二次冲击，它会唤醒一种新的感受、一种新的渴望、一种**意志**。为了继续保持对自己的了解，不让自己迷失，维系临在状态的**意志**就会升起。

这种努力的结果总是可以预计的。它是既定的，依照法则而发生，但发生的情况并不总是符合我们的期待。如果出现这样的情况，那就意味着我们的努力出了偏差。只要努力是正确的，结果就一定会在适当的时候发生。

46.只有接触，只有连接

有一些非常被动的东西妨碍了我觉察自己。我忘记了我的努力是去觉知组成我临在的不同力量之间是如何相互连接的，并在这种连接中找到自己的位置。在短暂的尝试之后，我体验的不过是自己的一种努力形式，我会让自己紧张以保持这种形式。我不再能觉察到了解这些力量之间关系的必要性。我忘记了自己的角色是觉察以及保持这种觉察。我被动地紧抓住一个没有任何用处的形式。

我的内在总会有种以高度聚集的形式存在的能量，也总会有另一种能量，一种缺乏力量并流向外在的涣散能量。我人生的意义就在于对这些力量的觉知中。这并不是要阻碍这些力量的展现，而是为了了解它们之间的关系。为此我需要一种更为纯净的注意力，这样我才不会被引发紧张的向外的活动所控制。这些力量之间的关系，以及对这些力量的不断觉知，才是我有意识努力的意义所在。但我却忘记了这一点，认为单独考虑一股力量就足够了。例如，我会强迫自己的身体放松下来，内在却陷入了沉睡。努力的形式成了目标，好像放松就意味着临在一样。我需要意识到这种会不断出现的风险并加以防范。我探寻的意义就在于一个片刻接着一个片刻地去质疑。"我是谁"这个问题一直都存在——在这些构成我临在的力量之间，我到底是谁呢？

觉察需要一种主动的注意力，它并非仅由一个印象带来的冲击所引发的那种注意力。我们需要意识到我们通常的注意力与感知对象没有接触，因此我们没有真正地觉察。只有主动的注意力才会带来这种接触。我们需要面对自身注意力的被动性，意识到我们的不足、我们的渺小，并且保持这种面对的状态。这会带来主动性。

一切都总是在重复。我们需要保持面对这种重复，才能迈向新境界，迈向未知。对此，我们无法依靠我们那平凡的头脑。我们总是期待一个结果，所以我们的思想总是无法获得自由。我们只对改变有兴趣，而不是真正地想要了解。为了超越这种局限，我们必须向一种超越寻常机能的意识敞开，向一种觉察而不评判的意识敞开。我们到底是希望改变表象，获得一种仓促的体验，还是希望保持面对，不逃避，从而了解自己的本相呢？我学着觉察，一再地觉察，保持面对我意志的缺乏，在这种缺乏中我缺少一种对于面对事物本相的渴望。保持面对未知是件了不起的事情——我对于自己来说就是一个未知。我开始理解只有接触、只有连接才会带来真正的改变、带来意识。

以我普通的觉知水平，高等中心无法影响到我。它们被我经常性的涣散和不协调的状态所阻碍。在这个层面上有一个法则：我什么也做不了。但我能觉察到这种涣散的状态并且理解它吗？除非我能觉察到，否则什么也改变不了。我不会有新的动力，我内在能量活动的方向或品质也不会改变。获得来自高等中心更佳品质的途径就是敞开，也就是说，具有一种此前从未有过的注意力。当我无法理解这样的品质，也无法接收到它时，我就会停下来。而就在这种停顿里，那被占据、被囚禁并且意识不到自身的注意力会突然变得自由起来。一旦获得自由，它就可以去保持面对、去觉知它自身。这种向另一个层面的敞开会让我去质询我的本相是什么。

47.为了存有所进行的挣扎

当我们像机器一样运作时，我们只会用一个中心来行动，我们在毫无觉察的情况下让能量被联想、情绪和行动所耗尽。我们必须觉察到自己的机械性，然而我们只有与之对抗时才能觉察到它。我们通过对抗认同来了解驱使我们认同的力量。当我们对抗时，一种不同品质的能量、一种不同品质的**临在**就会出现，带着一种不同的味道——这是一个暂时的重心。但对抗到底意味着什么呢？

当我没有临在的时候我在哪里呢？我必须要觉察到自己完全受制于各种影响，甘愿被操控。我愿意去服从，接受自己的怯懦。我甚至都无法理解想要解放自己是什么意思。我从未想过在为了了解自己的被操控状态而进行的挣扎中，可以找到一种独立存在的感觉。我从未尝试通过不让自己太快屈服的挣扎而在生活中保持临在。

我对于挣扎的渴望不够强烈。否则，我就会去观察。在开始时，我想要回撤到内在，回撤的程度只要让我能通过挣扎保持临在就足够了，但后来我却忘记了我的渴望，而想要完全地回撤到内在。如果我能够理解让自己临在的唯一可能性就在这种挣扎之中，我将不会寻求让自己置身于挣扎之外，或是通过从认同中回撤和逃开来避免挣扎。我领悟到觉察自己的认同与这种挣扎是相关的。它就是挣扎的一部分。有意识的努力不是意味着一成不变地待在同一个位置上，而是意味着**持续地**努力。我们总是梦想着到达一个位置，然后就可以持久地停留在那里。而持久只有在活动中才能找到。我们不是在寻求一种静态的东西，而是在寻求一种流动的、有意识的注意力带给我们的力量，它可以在任何的情况下去跟随我们整个的显化活动。

我们需要记得，我们的挣扎是为了**有所收获**而非为了**对抗**，尤其是对于我们称之为"欲望"——希望获得快乐或其他的满足——的东西。欲望的幻象来自记忆中以快乐或痛苦为区分所记录的形象。虽然欲望会导致分裂，但并不是说获取满足是不好的，事实上我并不在这里，因此根本无法真正去满足或不去满足我的欲望。比如说，有时候我可能会体验到一种想要放纵自己抽烟或进食的渴望，于是我要么屈服于这个想法而失去与那个欲望的连接，要么我会抗拒并制造出冲突，同样失去与那个欲望的连接，因为它早被我抛在一边了。每一个在我内在升起的欲望都是如此。而我内在的欲望就是生命本身，它非常美妙。但由于我既不了解我的欲望，也无法理解它，于是我会在屈服于欲望或压制它时体验到挫败感，体验到一种痛苦。所以，这种挣扎是要与欲望共存，而非排斥它或迷失其中，等到我不再被思维的机械性所控制时，注意力就自由了。

在这种努力中，一切都与注意力有关。片刻的不专注就会失去一切。我必须在内在找到某些真实的东西。它一直都在。我需要去信任它。没有它，我在显化时就得不到支持，无可避免地会被控制，会迷失。这就是为什么我需要不断地回归我在内在找到的实相——我属于这个实相。我知道我必须在当下记得什么对我而言是真实的，并且在进入生活时记得它，这样我才能够**存有**。我必须有这样的需求，并且感受到这种需求。这就是我对**存有**的渴望。我需要它，因为没有它我什么都不是，会彻底地迷失。

同时，我也要预计到阻碍。探寻真"我"是一个贯穿一生的历程。我前进一步，我跌倒了。我再前进两步，我跌倒了。在跌倒的过程中我开始了解那些阻碍，当我重新开始时，就会有事先的准备。我一个一个地去了解那些阻碍。我们在向上的过程中都不希望跌倒，但却看不到这样会有的风险：如果我们在离终点还差两步时跌回谷底，将不会再有时间重新攀爬。我们必须接受这种不连贯性。在进化的过程中，每一步或每个八度音阶中的每一个音符里都蕴含了对前一步或前一个音符的阻碍。

48.扮演一个角色

要临在就需要分开注意力。我们必须把四分之三的注意力保持在内在，只用四分之一的注意力去支持显化的活动。这是一个无法回避的法则。为了**存有**，我们必须"扮演一个角色"。

我需要把对高等世界的向往与在生活中肯定自我的渴望相中和。我想要把这两股力量统一起来，以便能够整体地觉知到自己，保持住这种觉知，并且在所处的情境中主动地临在。如果我不能保持临在，就会变得被动，被这样或那样的力量所控制。在这里我需要觉察到自己的局限，觉察到我的各个中心之间缺乏连接。我的注意力必须保持面对这样的事实，不回避，直到对真"我"的感受出现。在努力让自己更为长久地保持面对自身过程中，对真"我"的感受就会出现在这种挣扎的核心地带。我自己就可以解决这个问题……如果我渴望，如果我有**意志**。但为了具有这样的**意志**，我必须带着一种主动的注意力持续地保持面对。这会产生一种影响我自身被动性的力量，还会给各个中心之间的关系带来变化。

当我觉察到自己的能量完全被吸引到外在时，我会感觉需要把自己调整到一种不同的状态。这需要一种绝对的宁静，好让我能感受到各个中心之间缺乏连接，并且体验到让它们协调起来的需求。我体验到这种缺乏连接的状态，体验到这个事实，并且觉察到头脑和身体的能量没有连接。随着我开始去面对，这两种能量会具有同等的强度，但我知道这还不够，一种新的感受，一种对存有的情感必须出现。这是一股新的能量，一股有意识的力量，没有它我就会被我的自动反应系统所控制。

当我们回撤到一种宁静的状态时，就可以与内在的实相连接，但我们在生活中显化时这一切又会消失。我们的常"我"、小我掌握了控制权。我们甚至都无法觉察到这个变化。让我们能够保持连接的关键就是去服务，但前提是这个"我"要愿意服从于我们的目标。葛吉夫教导我们要"扮演一个角色"指的就是这个意思，但这个练习却经常被误解。我们在内在必须意识到自己的渺小，不去认同于任何东西，而在外在我们要去扮演一个角色。这二者是相互支持的。如果我们没有在外在扮演一个角色，就无法不去认同。如果内在不够强大，外在就不可能强大。没有外在的强大，内在也不可能强大。我们的目的是通过按照他人而非自己的喜好去做事，来获得内在的自由。如果别人喜欢我坐在他右侧，我会这么做。如果下一次他喜欢我坐在他左侧，我也会这么做。这样我会习惯于履行责任，而这正是一个自由之人的特质。我们必须臣服于我们想要去服务的力量，同时把我们的意志贯彻到我们的机能中。

　　我们寻求在所做的任何事情中保持临在。通常我们要么无意识地活在自己的机能中，要么向有意识的状态回撤，失去与机能的连接。如果我们的努力足够明确，我们的机能就可以有意识地运作。例如，当下。如果我在内在处于沉睡状态时把这个盒子交给你，给你这个盒子的其实并不是"我"。但如果我临在于我的内在，并且我**希望**，我**有意愿**给你这个盒子，那么我会知道自己在做什么。我在这里。"**我**"给你这个盒子。我知道，我是临在的。

　　我们想要忠实于自己，不想完全失去对高等状态的渴望，但又想能够对生活作出回应。我必须要过自己的生活。真诚意味着去询问自己能够有多大的能力去应对这样的状况。其实我在这方面的能力一直就比我所认为的和表现出来的要高。我可以更加地主动。我可以一再地重新来过。

第五篇 与他人一起工作

第一章　一种特殊的能量流

49.我们说我们"在工作"

我们说我们"在工作",这是什么意思呢?工作是一种由一个能量的源头所维系的特殊能量流,只有具有整体性的人才能接触到它。这种能量流包含了思考、感受和行动的能量。它的生命取决于加入进来的每个人,这些个体和他们组成的团体都要负起责任来,为这股能量流带来品质和清澈度。一起工作是必要的,合作可以带来益处——这就好像是一群想要更有意识的人,其中每个人的努力都会帮助到其他人。每一个加入这个圈子的人都需要找到自己的位置,他的位置取决于他的作用。然后,通过自身的态度和行为,他要么在自己所处的连接点上维系这个圈子并给它增添生气,要么离开,不再参与进来。

生命力一直在这里持续地影响着我。高等力量也在这里,但我却还没准备好来接受它。我独自很难维持让各个中心达到所需能量强度的那种努力,所以一个团体是必需的,共同的工作也是必需的,它可以使大家一起达到更高的能量强度。一群人一起专注于更高的层面会产生一种共同的振动。这种振动产生的生命力可以形成一个引力中心,一个强有力的磁场,把其他人吸引到它的活动中来。这就是清真寺、教堂、庙宇或其他神圣场所中的力量。这种专注越有意识,产生的引力就越强。但是,在一个团体里，就像在自己内在一样，参与这种专注活动的每个部分都必须能够达到某种均衡的状态。否则这个引力中心和能量的强度都会比较弱，受到同一个冲击时所产生的共振也会缺乏协调性。

以第四道工作之名采取的任何行动对团体的共同目标来说不是有帮助，就是有阻碍。与第四道工作相连接意味着与那些对工作有责任感的人相连接。这种连接会带来责任。我们首先要意识到彼此之间没有有意识的连接，我们必须建立起这种连接。如果我们无法让彼此产生有意识的连接，第四道工作就完全无法开展。我们现在所走的每一步，无论多么微小，都要么会加强我们的连接，要么会使它减弱。迄今为止，我们已经接收到前人努力的成果和他们的能量。接下来，第四道工作的生命力就取决于我们了。没有我们，没有我们分担责任，它就不可能存在。这需要我们完全地投入，发挥我们所有的智慧、所有的主观能动性。

如果我们能够理解什么样的方法与形式能够适应现今的状况，就可以让第四道工作在世间发挥作用。我们会遇到阻力，遇到内在和外在的对抗，但这是我们所需要的。这样的阻力可以帮助我们找到自己的位置，找到自己的职责，在这个过程中，我们有时候具有共识，有时候根本没有连接。这一切既取决于在团体内的一种重要活动，也取决于个人内在的一种能够带来全新可能性的创造性活动，还取决于一种与更大团体进行交流的活动。我们称之为工作的这股能量流的力量和品质取决于我们能够活出什么样的状态，以及能接收到什么样的影响。

50.为什么要在一起？

为什么我们要到一起来工作？因为我们觉得如果不置身于特定的环境中，就会被习惯所控制并迷失在生活环境里。也许在这里，我们一起，才有可能体验到一种让高等能量在我们内在和周遭出现的环境。这样，我们将一起承担起服务于这种高等能量的责任。

我们必须要理解与他人一起工作的必要性，他们与第四道的教导有着同等的重要性。在艰难的时刻我们会认为，单独工作比在这个环境下与这些人一起工作更容易些。这种想法显示出我们完全不了解这条道路，完全不了解我们需要觉察自己并将自己从自我意志中解放出来，它与真正的意志没有任何关系。念头和感受组成的狭隘圈子封闭了我们，我们必须从中跳出来。我们必须逃脱出来才能够有机会接触到另一个世界，有机会以另一种方式存在。为此，我们必须付出努力。

我们来到一起是因为我们每个人都感受到觉知自己的必要性。只要我保持现在的状态——以现有的方式去思考、去感受，我将不可能了解任何正确的、真实的东西。我需要觉知到自己思考和感受的方式，它们局限了我所有的行动。只有对真相的感知才会让我们聚集在一起。真正的一起工作、合作，来自于对真相的共同领悟，来自于我们每个人都觉察到真相，并且迫切地需要一起把它活出来。第四道工作的基础并不是一种特殊的途径、方法，或特别的环境。它的基础首先就在于向自己和他人内在的一种新秩序敞开。生活就是互相连接以及一起工作、合作，一起觉察、感受，以及一起生活。这种连接需要在同等层面同时呈现同样的能量强度，否则就谈不上"一起"了。

我们每个人都是单独的，在内在我们只能是单独的——单独面对我们的领悟，单独面对神性的呼唤以及我们作为一个人这样的事实。当我开始意识到自己的本性，觉察到大家都同样难以全然地去展现自己的本性之时，我们就会与他人产生连接。这种连接会带来一种特殊的能量，让一种品质更为精细、更为精微的活动发生。这股能量有力量去发出呼唤和散发出难以抗拒的吸引力。这体现了我们能够给与彼此的真正帮助。这是唯一的帮助，唯一真实的连接。其他的任何连接都只会让我们失望。我们必须要接纳和维系这种连接。这就需要我们在每一刻都做到真诚和严肃。所有人都相互依赖，相互负有责任。一个人工作的成果可以帮助到其他人，而如果他带来的是惰性或抗拒，那就适得其反了。也许对于努力的理解我不及其他人，也许有些人所进行的探索会多于其他人，但这没关系。对于共同的前进方向，我们已经达成了共识。

在更深的层面上，与他人一起工作对于活出第四道的教导，演好葛吉夫给我们留下的戏码来说是一个前提条件。内在重生之路需要我们保持警醒，为此我们首先要去抵制自我肯定的行为中带有的谎言。这是一个关键性的考验。在真相的问题上我们绝不能妥协。这就是为什么对于工作来说，一个最为重要和必要的条件就是与那些有类似经验和领悟的人一起工作，他们有能力颠覆个性所建立的完全错误的价值标准。我们需要觉察到一切的内在，都弥漫着可怕的虚荣和自我主义，它们占据了全部的空间。真诚地在一起工作就是要了解我们自身的渺小，以及什么是真正的人际关系。

51.组织工作

我们的工作需要有组织地进行。偶然和无序的努力不会有任何结果。我的努力需要规范，需要受到高等秩序的法则和规则的约束。如果意识不到臣服于这种高等秩序的绝对必要性，我就会继续信任我的常"我"，无法开始真正的工作，无法向目标迈进。我必须意识到这种必要性。我需要在一群致力于清醒的人中间去考验自己，考验我的常"我"。为此，在某些时候，我必须属于一个组织、一个中心，里面的人在依照共同的方向一起工作。

"组织"这个行为意味着创造一个机构，一个具有既定目标的有机体。就像每一个有机体一样，它本身必须包含它出现的缘起，并且把这个缘起显化在自身组织的细节中和它所带来的结果里。这个组织所有的分支机构、所有的下属中心所产生的影响都要反映出这个缘起的某些品质。能够理解这个缘起的人可以在它所有的痕迹中感知到它。这个组织必须包含一种神圣的感觉。这个方面是一定不能缺失的。在表象之外这个组织必须有一种外人无法看到的内在能量强度。正是这种能量强度创造了奇迹。一个不接受奇迹的有机体不是一个活的有机体。

一个活的组织首先要能够把大家聚集在一起，统一在一起。没有满足"聚集在一起"这个条件，我们什么都做不到。当我们进入一种没有焦躁、没有机巧，也没有多愁善感的状态时，相应的结果就会发生。我需要被召唤，也需要去召唤他人。这两种需要的动因是一样的。我需要去聆听，去听到他人的召唤，并以一种他人能接收到的方式去召唤。我们需要一种有意识的连接，为了维系这种连接我们需要保持警醒，并且为了一起工作而放弃自我意志。我要么接受要么拒绝这种与他人的连接。到了某个阶段团体中就不再有领导者和跟随者，只有不断质疑和聆听的人。教学只是一种指导，只有那些进行更深入质疑的人才能担负起服务的责任。每个人能领悟到的东西取决于他的素质水平。我必须学习去了解自身的局限，并且认可那些比我懂得多的人。

当我想到自己和他人时，我会意识到他人会使我高兴、使我害怕或使我受到威胁，但我需要他们。在我的反应中，我可以觉察到自己和他人，而不只是我自己。为了了解我自己真实的样子，我必须不断地去发现。在"好"与"坏"的评判中我们无法获得解放。解放只会发生在小我消亡，我们与所有事物和所有的人融为一体的时刻。世上唯一的坏是无明，唯一的好是觉醒。然而每个人都把寻求领悟放在一边，想要按照自己的喜好去给与指导或接受指导，去评判和批判。这种态度是完全错误的。我们所寻求的并非强行贯彻一种秩序，而是去进入一种秩序，进入一种早已存在的秩序。这种秩序才是关键，而非我们的组织。

我们必须要了解我们的组织在生活中存在于两个层面。在一个层面上，这个组织已经可以给我们带来真正的价值，为我们的工作、为我们的探寻提供条件。另一个层面是事务层面或外在的层面，这只是层遮盖物，仅仅如此，但它却可以保障我们的工作不受干扰。这种区别看起来容易理解，但实际上却没那么简单。我已经看到在这个事务的层面，我们试图让这个组织去符合日常生活对于形象和规范的要求，我们总是要拿回权力，把管理的架构强加到我们的工作上来，也就是说，我们在把一个不符合我们组织真正价值体系的形式强加给它。

52. 一所第四道学校

一所用于第四道工作的房子就像是以这条道路、这种教学的原则为基础建立起来的学校。它会在这里存在一定的时间，在这期间有一些需要完成的任务。这所房子所起的作用取决于来这里工作的人所处的层次。房子里的人也许知道自己还没有成为他应该成为的样子，但又没有想要去改变自己的素质，也不了解努力的必要性；房子里的人也许已经对自己失望了，不再相信他们的常"我"，并且知道只有对清醒和看清自己的状况做出精确的努力，他们的生命才会有意义；另一些房子里的人也许在这条路上走得更远。这所房子在整个工作中所扮演的角色每一次都不同，这取决于来这里工作的人所处的层次。我们需要了解如果没有一个有组织的中心提供所需的环境，没有依照我们所遵循的教学原则去生活，我们的工作就永远不可能走向深入。在一所学校中，我们需要了解工作的原则，也需要了解基于这些原则的纪律。我们需要为得到的东西付出代价。

这所房子就像是存在于一个世界中的另一个世界一样。我寻求去了解和活出自己的本相。为此，我的注意力总是会转向自身，转向对我真实本性的感知。这种本性不是我的个性、我的小我的展现。我觉察到我的小我在通过我的念头、我的欲望、我的行动来表达自己。我尝试不被它们所控制。我不断去评估自己的状况。正因为如此，正因为我不断地质疑，所以我不会去评判他人。我学习不带评判地去觉察、去理解，于是不再有"我"和"你"，只有各种显化。我学习去觉察我们所处的这个世界的法则，即显化的法则。

这个学校的一个基本原则就是比我们平常所做的多做一些，只有这样才会带来改变。如果我们只是去做自己能做的事，就会停留在现有的状态。我们必须去做不可能的事。这与我们在日常生活中只是去做可能的事是不同的。另一个原则就是我们有意地不去依赖一个预先给出的具体形式，这样一种主动的和更为有意识的探索才会发生。这么做的目的是为了让我们不去陷入对任何一种活动的执著，进而发展出一种可以让我们走向深入的警醒。我们在学习一种工作形式时，它对我们来说是新的，但随后我们会不断地按照所学的去重复。在这种重复中，我们对形式背后原理的理解就会越来越少。为了保持一种形式的活力，我们需要不断地回到本源，回到真相。在绝对者之下的所有层级上，都会有一种记忆和一种渴望，想要回归到更高等的层面，回归事物的本相。但是，随着我们顺着显化的阶梯向下，我们开始遗忘，并且遗忘得越来越干净。

另一个层面的真相可以通过理念来传播。这需要在素质层面的了解和理解。我们必须要了解这些理念，无论是这些理念的总体架构还是每一个理念在架构中所对应的位置。同等重要的还有一个人体验到理念中所蕴含真相时所产生的理解。我们自己先要能活出这些理念，这样我们传播的理念才是有生命的，而非一个僵死的形式。理念是一切的创造者。它具有一种可以活跃于我们内在的超凡力量。我们需要理解如何才能被理念所唤醒和激活，如何对那些死去的理念所丧失的生命负起责任来。我们接收到很多的理念，但能够理解的却很少。

第四道体系就是一个致力于发展新重心的学校。无论我们是否愿意承认，到现在为止我们的生活所围绕的重心就是我们的"常"我。这个"我"现在仍旧在渴望、在权衡、在评判……它所有的这些活动竟然打着**工作**的旗号。只要我的整个内心世界都在围绕这个"我"运转，那么我的所有表现——无论我是否情愿——都只是在反映这个"我"的权威。第四道学校的目标就是要让我们有所不同，把我们的素质从第一种人、第二种人、第三种人的水平提升至具有新重心的第四种人的水平，再从第四种人的水平提升至第五种人的水平，从而具有一个统一的"我"。

第二章　在团体里的交流

53.进行交流的特殊环境

我们每个人独自进行的努力是不够的。一群寻求以更有意识的方式生活的人组成的团体才是一切的开始。一群人在一起能够更好地维系这种努力。我们中的有些人是更为警醒、更有责任感的。我们都会帮到其他人。但这种团体工作形式的出现需要得到大家的认可，而不能强加给大家。我们必须有需要，想要聚集在一起，想要与大家在一起共享一种互相关注的关系。建立有意识关系的基础在于每一个成员都必须了解和接受自己。每一个人都要感受到对团体的需要，感受到对一个充满某一类念头和情感的环境的需要。每个人都必须知道他需要这个团体，并且记住这种需要。

当然，我们所谈论的团体是一个为了工作而自发形成的团体，而不是一个日常生活层面的团体。驱动着这个团体的念头和情感与日常生活中的念头和情感是不同的。一些完全不属于日常生活层面的活动标志着这个团体的存在。这个团体首要的活动就是每个人在内在去寻找一个带着警觉的重心。一种具有重心的注意力有可能会被吸引到不同的方向，但它总会回到它的重心上来。我们在注意力涣散的时候无法学到任何新的东西。这样我们就是一个"旧人"，一个自动反应系统，只会假装出很懂的样子，讲出一些自以为是的无用理论。如果一个人的注意力具有了重心，他只会去寻求表达他的探询和观察中最根本的东西。他是与众不同的，是一个"新人"。

我们参与到团体中来是因为我们需要得到帮助，从而在内在找到让我们能够体验真相的一种品质、一种状态。我们需要高等力量的影响，这是我们在生活中以平常的方式独自工作时所接触不到的。没有团体，我们就无法达到必要的能量强度。于是，团体就成了我们彼此交流的特殊环境和一种管道，把高等力量的影响和来自生活更高层面的灵感传递给我们，但我们必须完全地临在。我们能够接收到多少这种灵感完全取决于我们临在的程度。

那么，我们的责任到底是什么呢？我们有责任去交流、去接纳，以及协助每一个人去履行他在团体里的职责。这样，可以衡量我们实际觉知水平的意识就可以来决定我们所要做的一切事情。在觉知到我们是一个团体的过程中，我们可以体验到工作的真谛。我不应该只是独自以我想要的方式去做我想做的事，不愿意接受考验。这表现出我没有能力去面对自己，没有能力把自己的工作与他人的工作相连接。这意味着我的工作已经停止。如果一个团体无法觉知到自身是一个团体，它就无法了解自身在**工作**中应有的位置和责任。它也无法去服务，无法在**工作**中扮演好它的角色。

这个团体，这个我们在一起的事实，为我们达到有意识的状态创造了可能。我们所投入的，我们所给予的，远比我们想要索取的重要得多。每一次，我们都有新的可能性，都有机会投入我们的注意力和提供服务。这样的可能性非常重要，我们必须要尽全力去维护它。我们必须意识到它的珍贵和神圣。

我在工作中并非孤身一人。当我为自己作决定时，我需要去感觉自己对团体的归属感。团体的生命比我的更重要，它代表着属于更高等的本体层面的东西。

54.我需要说话

我们开始所做的通常都远非最关键的事。我们在不断重复的过程中，需要想一想我们所做之事的意义，想一想我们的工作和**临在**的意义。这些是我们要永远牢记的，但我们却总是忘记。我们失去了这些意义，我们必须回过头来重新开始。我们不能假装或想当然地认为自己已经理解了这些意义。这不是真的。每一次我们聚在一起，每个人都必须重新找回这些意义。每一次我们都需要尖锐地去质问自己。如果现在我不知道自己在做什么，会有什么风险，会有什么问题——如果每一次我都不知道的话，出乎意料的事就会发生，事情就会向相反的方向发展。我的努力必须是明确的，我所追寻的东西也必须是明确的。在一起的每个人都必须同时让这种临在在他的内在出现。这种临在必须成为一种实相，成为我们在个人层面之上的共同连接，成为我们必须去服务和遵从的一种实相。

团体的生命取决于我们的状态和我们的问题。我们可以去询问与工作有关的任何问题。我现在遇到的困难是什么？我需要去理解什么，又渴望去了解什么？我的工作中有哪些需要讲出来的重要事情？当我们聚在一起时，我必须为讲话做好准备。我必须不断去反思我的工作，避免进入被动的状态。如果我没有事先做好准备，来这里就没什么意义。如果我没有明确的目标，我就没什么可讲的。这样我们如何来交流呢？这是根本不可能的。

我们最大的一个障碍就是我们对于问题和回答的理念，即认为这是一个把所需知识从一个人传递给另一个人的过程。我们认为提问者知道的比较少，所以会去寻求一个答案来消除他的无知。在生活中，所有的人都依赖于已知的东西，问答的过程确实如此，但一个团体是向着未知前进的。提问者打开了通往未知的大门，呼唤聆听者在两人之间进行一种交流、一种双向的活动。真正的领悟意味着聆听者也去质疑,而提问者也真正地去倾听,这样两个人的层次都会有所提升。

在开始时,如果我处在聆听者的位置,我需要改变自己的状态。我会去寻找一种更为主动的注意力,它能够更自由地去聆听,不再受制于联想和反应。这样我才能更好地去探索听到的问题,深入进去而不会卡在外在形式层面。如果我的注意力能够更加主动地参与进去,这种参与度就会带来双向的交流,并且激活提问者和聆听者双方内在的"倾听者"。如果我不去寻求这种主动的注意力,以常态的注意力,即被动的注意力去接收问题,我就会作出被动的反应,无论我的言辞多么机巧,情感多么充沛,交流都不可能发生。这样做只是在加强我既有的单方面依赖关系,我并没有获得一种全新品质的注意力和接纳性,让新的领悟双向流动起来。这种依赖的态度对双方都是有害的,它会越来越坚固,从而妨碍了真正的交流所必需的主动性和自由度……

一旦我进入一种更加专注的状态,我就可以去谈论我的工作和我的问题,去交流,并且一直尝试保持临在。我的思维是必要的,但它只能停留在我正在讲的事情上,而非我已经讲过的或打算要讲的事情上。它只是停留在当下我所讲述的内容上。

55.真正的交流

我们现在关于问答的练习只是外在的,无论对于提问者还是聆听者来说,它都存在于一个人的外在。当然,一个问题的出现是有必要的,但静默也同等重要。问题是静默的状态开启,是通往未知的道路。一个问题会为我们的内在环境带来怎样的改变呢?

在有的团体里,问答者之间会发展出一种错误的态度。它的结果就是产生出有既定答案的问题或是为解答问题而给出的答案,双方并没有为了寻求一种新的理解、一种新的思考与感受方式而一起临在，一个这样的片刻都没有。这样的提问者和聆听者所依赖的都是一些知识，该发生的事却没有发生。这并不是因为条件不具备，所有的要素都在这里，但它们没有被正确地运用。

当我在团体里交流时，我需要知道我在呼唤另一个人去做什么，去参与什么。在讲话的时候，我可能会显得笨拙或能力不足。我不知道该相信什么，太容易就去为了肯定一个虚假的自我形象而说谎。尽管如此，我还是需要去了解我所参与的共同努力有着什么样的特性。我要如何去保持面对被质疑的东西？我要如何去理解另一个人，如何理解他的问题并把他的问题与自己联系起来，以便能够实现真正的交流？最重要的是我能够对自己的问题敞开，并保持这种敞开的状态。我们希望一起学习，并且向未知敞开自己。

有一种态度会破坏我们和他人的工作，对此我们一定要加以避免。我们与大家在一起是为了觉察到自身的渺小，这在独自工作时很难感知到，同时也是为了去探索自己内在的，以及整个团体的潜力。这就需要我们竭尽全力去找到权衡渺小感与潜力的标准。否则，在我们的问答过程中，我们只是在肯定我们的常"我"。而我们在这样做的时候，甚至还觉得自己在教导别人。

没有人能够去教导别人。我们只能够工作。在工作前，我们先要作出评估，以便来确认自己努力的方向。没有人会让我们伪装出高深的状态。我们也没有权利以第四道工作之名在他人面前去伪装。我首先要对自己下工夫，对自己作出评估。当其他人提出问题时，我必须把这个问题提给自己以及所有人。如果我能够针对问题给出一点回应，那其实是在回应我自己。

我们需要通过交流自己的收获来让这些资源在我们的内在保持生气。如果没有交流，它们就会死掉，但交流不可能是单边的。在交流的时候，我自己也需要去质疑，向质疑敞开自己，去体验它，并敏锐地去觉察自己是如何反应的，以及与我有同样体验的人又是如何反应的。此时，我非常需要足够的自由来遵从最高等力量的法则，来觉知自己持续不断的反应，这样，我就可以了解自己的本相，同时我也了解了自己的弱点。而如果我能够明白我生命的意义就在于此，而且只在于此，我的努力，我想要成为一个负责任的个体的努力，就会有一个持久的方向。除此之外的一切——例如，我比他人懂得多之类的想法——都是在做梦。

56. 这种形式

我们开始能够更好地理解我们的工作需要一定的条件，并且有赖于这些条件。其中一个条件就是要将我们的努力整合起来。我们需要依靠这样一些人：他们要么能够比我们更深刻地感受到存在的问题，要么能够在与我们同样的层面上去质疑。

我们每个人的需求都取决于我们工作的实际状况。其实我们在很大程度上要依靠他人，没有他们我们什么都做不了。我们的交流比我们的生活必需品还要重要。我们独自去努力——独自挣扎、独自受苦、独自回应。但有一个时刻会到来，此时交流成了不可或缺的东西，我们需要用自己努力的成果去滋养他人。没有这种交流，我们就无法走得更深。我们越重视自己的存在，就会越关注与他人的连接。

只有在开始的时候才有必要人为地为成立的团体指定一个能回答问题的带领人。在一个时期内，一种有渗透力的工作必须要以这样聚集在一起的形式来进行。之后一个有机体会自然而然地在那些同等层次的人之间自行形成，他们会感受到对此的需求。当我们走得更深些的时候，对有意识的交流会有更为迫切的需求。我们会分开工作，每个人独自付出努力。但在某些时候，又必须聚在一起来验证、来交流，通过某种共同的努力让真相更多地显现出来。

　　一切都有时限。我谈到了我们现今采取的工作形式、我们的团体，以及由此创造的可能性。如果这些可能性没有被充分地实现，这个外在的形式就会自行退化，从而再也无法产生出可以为我们带来全新可能性的一种新的、更为内在的形式。形式无法创造自身。它来自我们在一起工作时所产生的一种需求：我们必须要将某些已经形成的要素保存下来。

　　这个形式需要再存在多久呢？这取决于这个团体工作的深度，以及成员之间所建立的连接——他们交流的品质。我需要在一种向上的共同努力中去协作。如果我不这么做，无论我是否情愿，我都需要对整幢大厦因我而缺少的那块砖负责任。所以，我们需要对我们一起所做的工作进行深刻的反思，这种共同工作必须逐渐地在我们的生活中有所显化。我们必须去反思我们的关系，反思我们一起相处的形式，最重要的是，反思我们所做的交流。

第三章 在活动中的工作

57.双重的目标

　　人内在的一切都在运动，就像在宇宙中一样。没有任何东西会保持静止或一成不变。没有任何东西会永久存在或完全终结。一切活着的东西都在无止无休的能量活动中发展或衰退。古代科学已经了解了这种宇宙进程背后的法则，这种科学在宇宙秩序中给人类指定了应有的位置。据葛吉夫讲，神圣舞蹈已经流传了很多个世纪，它体现了这种科学的一些原理，让我们能够通过动态和直接的方式接触到这种科学。

　　人类所有内在生命的显化都通过活动和姿态，即姿势表现出来。从最普通的到最高等的层面，每一种可能的显化都有自己的动作和姿态。一个念头会有与它相应的一种活动和形式，一种感受会有与它相应的一种活动和形式，一个行动也是如此。我们全部的教育就是学习一整套与思维和感受相应的姿态，以及与行动相应的姿态。这套姿态组成了我们的自动反应系统，但是我们对此却不甚了解。这是一种我们无法理解的语言。

　　我们相信自己是有意识的，相信我们的活动是自由的。我们没有觉察到每一种活动都是一个反应，都是一个受到印象冲击而作出的反应。印象很难触碰到我们，因为早在我们觉知到它之前，反应活动就已经被启动了。觉知随后才会产生。这整个的事件是突然发生的，我们内在缺乏一个足够敏捷和敏锐的部分,让我们能够在事件发生之时感知到它。无论那个反应活动是什么,无论它来自哪里,它都会不可避免地受制于我们的自动化联想机能,受制于记忆中存储的所有习惯与套路。我们没有任何其他部分可以作出反应。于是,我们的生活就是一种对累积记忆的不断重复。但是由于我们对此没有觉知,因此我们的活动在我们看来是自由的。

实际上,我们被我们的思维、感受和动作的姿态所禁锢,就好像被困在一个施了魔法的圈中无法逃脱。为了逃出去,我需要采取一种新的姿态——同时以不同的方式去思考、感受和行动。但是,我不知道这三个部分是互相连接的,一旦我尝试改变其中的一个,其他的部分就会来阻挠,我还是无法逃脱。我的自动反应系统使我的思维和感受保持在一个非常普通的水平上。

葛吉夫的律动代表了另一个层面上的八度音阶里所包含的音符,这个层面与我们自动化的生活所在的层面是不同的。律动会提升我们各个中心的能量,使它们达到具有同等能量强度的振动品质。预先观想出一连串特定的动作需要思维或头脑具有一种特殊的注意力。没有这种注意力,动作就无法继续。因此,思维必须保持一定的品质、一定的强度。但是,动作是由身体来完成的。为了做出动作,并把思维的生命力完全表达出来,身体需要极大的自由。它需要把自己完全地调整好。即使是身体上最微小的抗拒,也会阻碍思维去跟随动作的顺序。如果思维和身体的这种品质无法保持,动作就不会按照既定的方向呈现。它将会是不连贯的,并且漫无目的。在这样的需求面前,感受被唤醒了。感受的出现会带来一种新的能量强度,带来一种整合,它会在我们内在创造出一股特别的能量流,一个新的八度音阶。

这些律动有着双重的目的。它们通过让某种品质的注意力同时投注在几个部分上,从而帮助我们跳出我们自动反应系统形成的狭窄圈子。通过一连串严谨的姿态,律动有可能为我们带来一种新的思维、感受和行动。

如果我们能够真正感知到这些律动的意义，并将其呈现出来，就能够获得一种不同层面的理解。

58.为什么要做律动

葛吉夫把律动作为帮助我们活出他本人教导的最重要的练习之一，其中的原因我们并没有思考过。为什么要做律动呢？有些律动体现了一种非常高等的知识，代表着高等的法则。有些律动的出现只是因为葛吉夫的一些学生需要以某种特定的方式工作。在某些时期，葛吉夫每天都要在律动上花好几个小时的时间，来让它们匹配当时工作所处的阶段。例如，有时候是因为学生的身体感觉不够发达，注意力无法安住在身体上；有时候是因为学生的思维不够自由，无法向更为精微的能量敞开。这些练习会让注意力以特定的方式扭转过来，去跟随特定的轨迹。这会带来对一种不同状态的体验，从而提升学生的理解力，并且让他们了解如何在生活中找到这种状态。同时，练习律动可以让人直接体验到掌管能量转化的法则，这其中就包括了九宫图。葛吉夫曾经说过，练习基于九宫图的律动可以给我们带来一种感受，没有这种感受，想要了解九宫图几乎是不可能的。

宇宙中包含的能量会流过我们。我们每一种内在和外在的活动都是能量的流动。能量会向吸引它的地方流去，我们无法阻挡。我们受制于周围的力量。我们要么与高等一些的能量连接，要么被低等的能量控制。我们不是统一的，我们不是合一的。我们的能量需要被存留在一个闭合的循环里，在这里面它才能被转化。它被转化后就能接触到具有同样品质的能量，从而形成一个新的循环，一股新的能量流。只要一种更高等的能量流没有在内在稳定下来，我就无法自由。

有一股能量来自头脑更高等的部分，但我们没有向它敞开。那是一股有意识的力量。我们必须发展这股力量，注意力就是它的一部分。没有这股力量，我就会被控制，我的活动也会是自动化的。对此，我的头脑可能会理解，而身体却不理解。身体必须感受到这股力量，这样它才会服从，紧张才会消散，活动才会自由。我将不会再被控制，我的活动也将不再只是自动化的。

　　对动作的觉知需要全然的注意力。这种注意力所具有的品质会呼唤我们去体验完整的临在。这种完美的注意力是大自然赋予我们的一种可能性。在做一个特定的动作时，我们不再想着刚做完的动作或是马上要做的动作。我们不是在尝试展现一个动作的形式，不是在展现一种我们所采取的姿态。我们完全专注于一种能量，它需要处于自由状态才能以某种特定的方式被保存在我们的身体里。一个人只有在臣服于这股能量时才能了解它。

　　律动可以为我们显示如何在生活中存有，如何在体验临在的同时在显化的过程中自由地活动。除了无休止的反应——我们自动反应系统的局限性反应——我们有可能基于觉察、基于高等的有意识力量去行动。只有理论是不够的，我们需要通过行动带来我们所说的这种能量。当我们内在所有的能量都通过律动连接起来时，一种新的能量就产生了。我们可以感受到它。它带有一种不同的品质、不同的力量，以及一种我们通常所不具有的意识。这种能量来自于我的头脑，来自于我头脑的高等部分，那个部分具有一种智慧和觉察力。我需要与这部分的头脑相连接。这样我才能够有一种完全清晰的洞察。我觉察到了自己。我觉察到了他人。非常清晰地，不带任何反应地，我觉察到了事物的本相。我**如实地**觉察到了自己的本相。

59.教导的一部分

　　对于第四道这门有关内在能量转化的可能性以及人生意义的教导来说，律动是其中的一部分。它只是一部分而已。律动用一种语言表达着这种教导，每一个表情、每一个姿态以及每一个动作次序都有着特定的角色和意义。我们无法脱离这门教导来单独理解律动，也不可能用我们自动化的思维和感受做好律动。它需要我全部临在的参与。我必须向内在一股可以具有独立生命的能量敞开自己。这样，主导活动的就是那个能量体、那个临在。如果没有这种临在，我只能机械地做律动。即使我们认为已经做得不错，这些动作也只不过是种空洞的表达，没有任何意义。这样的练习是一种对律动完全的扭曲，与正宗的律动没有任何关系。

那些承担教导律动这一职责的人会遇到很大的困难。我们重复某些律动并且试图保持对它们的兴趣，但我们并不真正知道自己在做什么。我们执着于一个没有意义的形式。我们需要一种自己还未有过的体验、一种对临在的体验、一种在活动中对临在的体验。实际上，我们对律动教学和语言的理解非常有限。发展出必要的注意力需要几年的时间。那么现在，如果我们想服务于第四道工作，到底应该采取怎样的态度呢？

我们这些传授律动的人到底要做到些什么呢？首先，我们自己需要练习过律动，我们需要了解它的结构（一系列的姿态）、它的韵律以及它的生命。然后，我们会要求自己和他人做出正确的姿态并对动作的顺序有清晰的了解。姿势必须是标准的。没有精确性，我们的工作就会流于表面。最后，我们还需要觉察到我们内在与每一个姿态相对应的状态是什么，并且找到适当的节奏让律动活起来。当然，问题总是有的。是否有必要把这个律动简化，把四肢的动作拆解开来学？我们是否需要以一个能够全方位介绍律动的练习开始？如何才能最有效地影响注意力？需要对学生提出怎样的要求，又如何来提出呢？既然语言会引发思维并鼓励头脑去"做"律动，那么是否需要给出精确的描述呢？最常见的问题是：这是个什么律动，它会引发什么？每一次在课程开始之前，我们都必须花一点时间来让自己记得什么是自己想要去服务的，什么是自己所信任的。最重要的是我的状态。我需要一种比自动反应系统更为有力的有意识的注意力。如果没有洞察、没有觉察，那就只是小我在教授律动和练习律动。

在每一支律动里都有形成一个整体的一系列姿态，我们必须要准确无误地将它们做出来。在我们内在的一切还是静止状态时，我们的各种机能需要在一定的时间内预先观想到整支的律动。一连串的姿态反映了不断发展的力量所遵循的路线，以及不同能量中心之间的连接状态。简单地重复一支律动只会加强我们的自动反应系统，强化我们在没有思维参与的情况下依赖身体的倾向。所以，进行练习并且专注于一支律动的某些部分不仅对于介绍这支律动很重要，而且对于锻炼注意力中需要发展的那个部分来说也很重要。同时，由于每一支律动都表达了一个整体——具有它作为一个整体的意义，所以我们需要让学生整体地来体验律动。

我们需要看到不同的姿势和节奏代表着不同的能量状态。例如，当右臂画圈时，这种连续性表达了一种安静和静止的思维品质；如果左臂保持着一种韵律并做出一系列动作，它就会有一种不同的节奏，代表了身体里另一种能量。我们需要了解不同姿态如何影响到我们内在能量的状态。当我采取一个姿态让能量在整个脊柱内自由流动时，这种姿态的改变会调整能量的状态，因为能量流动的方向被改变了。例如，如果我低下头，能量流的方向肯定就会改变，向下回流；如果我把手放在胸部，就会把能量流卡在这个区域；如果我抬起头，就会从上面接收到能量；如果我把手臂向前伸，就会阻断这股能量流；而如果我大臂仍旧向前伸并举起小臂，我就会做好准备接收流入的能量；如果我把手臂放下，就会接收到能量并将它储存在身体里。我们最好不要轻易改动律动，尤其是那些表现一个法则的一连串姿态。每一个姿态、每一个表情都有它的位置、它的长度和它相应的分量。如果出现任何错误，或是引入任何新的东西，整个的意义就可能被扭曲。

我们有一种倾向，要去想象，要去让没有意义的理念、形象和情绪进入我们的姿态。但律动是件很严肃的事，对能量流动的体验会带来某种状态，这种状态正是律动设计者想要引发的。这是一门科学、一门知识——它是一切知识之中最根本的，只能一步步地来获得，而第一步就是在行动中去找到各个中心的连接。我们通过将自己完全地投入到练习当中来破译和学习这门知识。

60.必须有稳定的临在

我们要去"做"律动。我们将尝试着去理解那些活动，但活动到底是什么呢？我们是如何让自己活动起来的？我们的活动来自于哪里呢？

我们以一种静态的方式来理解活动，认为它就是一个接一个的姿态，我们只看到活动的结果而无法去跟随活动本身。我们从来没有去感受过活动。我们看到一个姿势的形象，然后开始依照它移动，但这种活动是机械的。一个姿势产生了，我们却不知它是如何产生的，我们完全被我们的自动反应系统所控制。我们把一连串姿势割裂开来看待，而非将它们看做一个贯穿起来的整体，就像一连串在五线谱上的音符一样。然而，我们就是在运动的能量，这是一种永无止息的持续活动。我们需要去感受能量并跟随它的活动，让它流动起来，避免被思想以任何的形式进行干扰。我们需要感觉到这股能量就是一种临在，我们绝对不能让它消失。这样我们所进行的活动会被置于一种觉察之下。我们的活动仍然是自动化的，但这种觉察是具有主动性的。这样我们的活动会更加自由。

在做任何的律动之前，我必须先找到这种能量，这种身体与头脑连接的状态，然后感受自然就会升起。我们的活动就是对这种状态的表达。没有这种状态，我们的活动将会从哪里来呢？首先，我试着向一股能量敞开，它来自略高于我头顶的位置并且流经我。只有这样，我才能了解到一种特别的意识状态。我需要在身体活动的同时保持这股能量。这二者需要完全地结合起来。这股能量比一切都重要。我在活动，但那股能量是不变的，并且比活动本身的能量强度还要高。为了保持与这股能量的连接，我需要处于一种特定强度和力度的韵律中。我"处于一种韵律中"，这是什么意思呢？它指的是我所有的部分都处于同一种韵律中，每支律动中的不同姿势也都处于同一种韵律中。各处的能量都是一致的。

思维与身体之间缺乏连接的状况是我们所不能接受的。这样，思维就会到处游荡，自行其是。而身体对此并不在乎，在等待着有人发号施令。要想让连接产生，这二者之间就必须有一种连接的活动。连接会产生一种新的能量，这种能量需要成为一种稳定的临在，就像第二个身体一样。工作有着不同的阶段。尽管在第二个身体形成之后还有其他的阶段，但现在我们全部的努力都在于此。为了产生这种连接，我需要发展出一种我现在还不具备的注意力，一种主动的注意力。如果我**有意志**，我就能够做到——如果我真的**有意志**。当这种注意力、这种觉察发展出来后，我的身体就会臣服，因为它能感觉到一股更高等的力量，而且这股力量能够给它带来更高等的东西。律动要求我们努力把各个中心连接起来，这可以产生形成高等身体所必需的能量。因此，律动会以适当的方式为我们带来冲击。这可以让我们穿越si和do之间的断层，没有这种冲击我们可能永远无法实现这种穿越。只有我们具有一种稳定的临在，也就是第二个身体，我们才能真正地把律动做到位。

第六篇 归于中心

第一章 对整体的感觉

61.我努力的目标

我们的活动分为两种，一种是向内回到我们自身，回到我们本性的活动，一种是向外的活动。我们有时参与前者，有时参与后者，但却无法同时参与到两种活动中。这就形成了一种对立、一种冲突，我们穷尽一生都在寻求一种可以化解这种紧张的生活方式。对于这个问题，我们需要一种新的方法，一种不会威胁到我们整体性的方法。我们必须要找到一条通向统一的道路，让我们的各个中心和机能都服务于一种统一的生命力。这意味着得到这两个方面的参与和认可。这两种活动是彼此不可或缺的。生命力没有我的参与就不可能发挥作用，但我需要放弃自己所有虚妄的认知，不再自以为是和自行其是。

我们的生活总是围绕着一股寻求自我实现的力量进行。而这股力量以及它实现的结果是否能够具有一种不同的意义则取决于是什么样的"我"参与到其中。在面对生活时，我被小我的力量所驱动。我把我的生活看成一张以我为中心的由关系组成的网。我感受到这个中心——它就是我。我把这个中心称为"我"，并以此为出发点去思考和感受。"我"的概念占据了所有的空间，即使是在工作中更好的状态里它也会再度出现。在这样的情况下，我的某一部分总是占据控制权——有时是我的头脑，有时是我的心，或是我的身体。它们从来不会一起行动。我没有对整体的感觉。

归于中心意味着放弃，各个部分必须放弃它们虚妄的认知，不再认为自己就是整体，并且可以觉察和指挥整体。找到中心意味着我臣服于一种更高等的秩序，即一种宇宙层级的秩序，我所有的部分都认可和服务于这种秩序，并在它的面前主动地保持被动的状态。我的身体、我的心和我的头脑都放松了下来。我在内在感受到一种更为精微的能量向下朝着它的源头运动，就好像它在向上去滋养其他中心之前需要先要聚集起来一样。这是一种循环的活动，一种不断平衡和连接的活动。为此，我需要我的机能，但我需要的是不会制造障碍的机能。我需要我的思维——但不只是那些念头、语言和形象，它们只会捕获用于思维的纯净能量，并使之变得被动。我需要我的感受——但不是那种被动地附着在各种形象上并且被它们所控制的感受。我也需要我的身体，需要它没有任何的紧张和对能量流动的阻碍。我觉察到我需要各种机能来协助我，否则，它们就会成为难以逾越的障碍。没有它们的帮助，我就无法向内在的临在敞开。

在通常的状态下，我的注意力不是主动的。它的品质很低，没有力量，被动地流向外面。但这种注意力具有被转化的可能性，具有获得更高品质的可能性，这种可能性通过让注意力保持在我认为必要的方向上就可以实现。如果我将注意力主动地转向内在，能量的活动就会改变。它不是流向外在，而是聚集在内在，形成我临在的重心。我全部的努力、全部的工作都是在保持这种注意力的方向——保持身体的放松，以避免能量的流失；让回转向我自身的思维保持警醒，以便用它的存在维持身体的平静；维持对某个存在于这里并需要被认出的部分的感受，即对真"我"的感受。这是一种来自于我所有部分的注意力所做的努力——净化注意力，让它可以专注于真"我"。在这种努力中，我发现了一种主动的机能运作方式，发现了一种工作方法，它可以让各种机能都服从于注意力的活动。

我所有的挣扎，我努力的目的，就是让自己统一起来。只有我的各个中心都达到平衡状态，彼此之间通过注意力维系着连接时，我才能达到一种更有意识的状态。我临在的各个部分必须学会依照相同的方向、相同的目标一起工作，学会接收同样的印象。我发觉我的觉察和理解、我的智慧都取决于这种临在。当我专注于这种临在时，我就能感受到它的生命，这种神秘的生命会让我与世界上所有的生命相连接。这样，我对自己的洞察就会与整体联系起来。

62.对统一的初次感受

葛吉夫告诉我们，在肉身中有一些与之互相渗透的更为精微的物质，它们在某种条件下可以形成独立的第二个，乃至第三个身体。肉身的运作需要这些物质，但它们不属于肉身，也不会在它里面结晶。肉身机能的运作与高等身体相似，但却有着本质的区别，最大的区别在于肉身的情感和理智机能是彼此隔绝的。以我们现在的状态，一切都受制于第一个身体，这个身体自身则被外在的影响所控制。在这个身体里，尽管感受的运作有赖于偶然的冲击，但它还是占据了第二个身体的位置。而思想则与第三个身体的机能相对应。当其他身体存在时，控制力会从高等身体，从高等身体的意识中散发出来。这会产生一个不可分割的和持久的真"我"，这是一个可以控制肉身的个体，它可以克服来自肉身的阻力。这样，意识取代了机械性的思维，意志就成了来自意识的力量。

以我现在的状态，我对于普通层面上的影响没有防范能力，因为我没有归于中心。在被动的状态中，我不同的中心会被任何普通层面的冲击所影响。但如果我的机能具有了重心、轴心，我就能接收到更高层面的冲击。只要我的注意力有意识地固定在重心上，我就不会被普通层面的力量所拉扯。来自外在的冲击不会影响我，这是因为它们的振动比我专注状态下的振动要缓慢。同时，来自另一个层面的一种具有活力的冲击会把一种更快速的振动传递给我的各个中心，让它们更加凝聚和统一。

当我安静下来时，我能强烈地感受到我是合一的、完整的。我开始感受到在常"我"所有的活动背后，我的内在有一些稳定的东西，就像一个轴心一样在维系着一种平衡。我能够直接感觉到一种强度完全不同的振动。我很难让自己与它的回响同频，我内在活动的那种缓慢而松散的振动很难被调整。但我会去聆听，并且对这些不同的品质很敏感。我聆听越多，越敏感，这种回响就越像是一种潜伏的声音、一种基调，仿佛是在背景里一样，让人难以抗拒。其他的振动会发生变化，就好像不和谐的音符在自我调整一样，它们的活动会自行加快速度。在这里，没有一件事会无意识地发生。我必须心甘情愿并有意识地去渴望——有意识地去**行使意志**，让自己成为这种蜕变发生的地方。这就是我能够提供的服务，我人生的目的。了解了这些我会放松下来，我所有的紧张都会平静下来并与这种根本性的振动相呼应。我需要了解我到底渴望什么。为了让这种振动的调和发生，我需要一种清醒的真诚。我必须为此创造出空间。

这种向临在的敞开需要一种用我的所有部分来维系的主动注意力。我必须在内在找到一种渴望、一种专注力、一种意志，它们可以让我超越寻常能力的极限。这是一种"超级的努力"，一种有意识的努力。我必须在显化的时候保持对统一状态的觉知，在与外在连接的同时保持与内在的连接。我需要努力将各种机能与各个中心的高等部分相连接，这种连接会让我第一次体会到统一感、整体感。这需要将一种主动的注意力投注在这些力量发生分裂的点上，并保持在那里。而这取决于我对真"我"的感受、对临在的感受。我需要把自己作为一个整体来了解和表现，也就是**活出一种整体的状态**。但是，只有在我足够了解我只是活在自己的一部分里，总是被自己的某一个部分所控制时，我才会升起这种对统一的需要。当所有普通的机能都参与到记得自己中来时，我就能向高等中心敞开，这种敞开的前提是让注意力变得更加精微。

63.通过有意识的状态归于中心

除非我们能够以一种与我们双重特质相对应的内在形式归于中心，否则我们就无法进行有意识的活动。我们的各个中心必须产生连接，并且允许一种超出它们理解范围的根本性能量渗透进来。但是，尽管我们渴望，我们却不具有这种连接和可渗透性，我们的行动因此也从未是有意识的。我们从自恋、小我的角度来看待外面的世界，在我们现在的状态下小我就是重心。这样，它会歪曲我们的感知并且控制我们。我们并没有像一个活生生的生灵、一个有内在活力的生灵一样行动。我们只会自恋。我们不知道爱是怎么一回事。

我们认识到我们的机能可以独立于意识而存在，我们也开始认识到我们的意识可以独立于机能而存在。我们需要不断地回到我们的目标上来：在内在通过有意识的状态归于中心。这既是我们作为人类所具有的可能性，又是一种冒险。我们可能会找到真正的自我，也可能不会。

我开始觉察到自己在两种实相之间分裂地生活着。一方面是我存在于地球上的这个实相，我被时间和空间所局限，徘徊于满足与不满足的感觉之间；另一方面，还有一种超越前者的生命实相，我对这种实相充满热忱。它呼唤我们的意识穿越所有的失望与不幸，引导我们去服务于本体，服务于我们内在的"神性"。如果我活着只是为了生存，我根本的素质就会被遮蔽、被埋没。即使能够以一种聪明的、合情合理的方式去生存，我还是看不到自己生活的真正意义——我没有方向。我完全被外在的生存所吸引，这会妨碍我觉知到自己真正的素质。而另一方面，如果我感受到另一种实相，在它的影响下，我会忘记自己的生活并回撤到与世隔绝的状态中。于是，我要么不顾内在的生活而被这个世界所吸引，要么不顾在世界中的生存而被素质所吸引。这是同一个更大的本我，同一个本体的两极。

我需要找到一种状态，让自己越来越敞开并臣服于内在一种根本的力量，同时也要能够去展现这股力量，让它在世界中去完成它的工作。

如果我去审视自己当下的状态，我会发现自己没有真正的重心，没有真正的"我"。我习惯于把我的身体和其他机能称为"我"或者"我自己"。但我并不具有一个真正的、一成不变的"我"，并不具有一个能够**行使意志**的我——不是渴望，也不是希望，而是**行使意志**。我的各个部分彼此没有连接。我的心无法体验我头脑所想的东西，我的头脑也无法思考身体的感觉。它们的能量强度是不同的，没有共同的目标。它们各自为政，只在意自己的欲望。

我的念头、感受和感觉永无止息。我认为它们是真实的，并且关注它们。这样我就被控制和封闭起来。有时我会触碰到另一种实相，它感觉起来很虚无，完全没有被常"我"染指。于是，我感受到一种需要**了解**的渴望，渴望能够自由地与这个实相连接。我觉得我需要统一起来。一旦我有了这样的感觉，一种放松、一种解放就会在内在发生。这就好像打开了一个空间，在这个空间里能量聚集在一起形成了一个整体。我突然感觉自己成了另一个生灵。这种统一的时刻会给我的自我意识带来彻底的改变。我通常的思维和感受都不存在了。

内在的成长会带来一种能够连接各个中心的新机能。思维需要具有独立性才能保有记得自己的想法，并把它传递到运动中心，然后传递到情感中心，再从那里连接到高等中心。为此，我必须有一个内在的重心。我需要了解达到上述状态所需的条件。

第二章　内在的重心

64.我们关键性的中心

觉知自己，意识到自己的本相意味着找到重心和能量的源头，也就是生命的根。我总是忘记自己的源头，因此我对于自己本相的所有观念都被扭曲了。我必须要做的第一件事就是去觉察自己总是与这个源头失去连接。如果我对于了解和热爱这个源头的需要没有超过其他的需要，我的小我就会控制我的生活和我的力量。而我对此甚至都没有注意到。我所有的努力，无论形式如何，都会受制于小我的好恶，即便是我所说的"工作"也是如此。

葛吉夫告诉我们：正确的自我工作始于创造一个恒久的重心。他称为第四种人的素质状态就是以此为标志的。这样的人会意识到自己，并且去询问"我是谁"，他觉察到他既不了解自己的存在，也不了解自己是如何存在的。他觉察到自己活在梦境中，并且觉得需要去了解他自己的实相。他开始去分辨内在的东西，将真实的部分与想象的部分分开，将有意识的部分与自动化的部分分开。他与第一、第二或第三种人不一样，他的觉察是清晰的，他了解自己的状况。他内在的力量开始朝向一个方向，朝向注意力的重心所指的方向。了解自己成了他最重要的目标，成了他思想和兴趣的重心。他希望如实地觉察自己。他的重心成了一个问题，一个让他难以入眠的问题。为了了解自己,他挣扎着把自己的注意力带到一个点上,在那里他可以将它分别投注在一种他试图保持的**临在**上,以及一种会让他迷失的**显化**上。这就需要一种在所有中心都以同样能量强度工作时才能保持的警醒。他必须同时去感觉、思考和感受,避免让任何一个中心来主导。如果这种平衡被打破,朝向有意识状态的努力就会停止。第四种人会尽力在他的本质和机能之间建立起一种连接。

我们的目的就是归于中心,这既是指聚集能量,也是指找到我们素质的核心,找到我们力量的关键性中心。我们首先聚集能量,然后就会了解为什么这个中心是必要的。因为从这里我可以同我的各个部分保持正确的连接,跟随它们的活动但又不迷失其中。当我归于中心时,才有可能与那一直处于鲜活状态的生命源头相连接。我不需要去**制造**这种连接。我需要具有一种态度,没有预设,总是愿意为内在的素质让出空间,这样才能允许这种连接显现出来。我通过体会一种虚空的感觉、一种进入另一种空间的感觉来为内在素质让出空间。

为了成为"不可分割的个体",一个人必须回归源头本身,在那里力量还不具有方向,不具有形式。如果我的注意力能够在我的能量活动起来之前就觉醒过来,一种新的领悟和力量就可能会出现。现在我做不到。我那普通而又被动的注意力只有在我的能量分散和陷于某些反应活动中时才能感知到它。这样的能量已经远离了源头,努力保有这样的能量是没有意义的。尽管如此,我还是能够了解这种状况,并将它作为我当下的实际情况来接受。

65.将重心定位

我们需要在紧张和放松之间找到平衡。只是从静止的、静态的角度是无法了解自己的。我就是不断运动的能量,要么向内,要么向外。这些活动来自我不同的中心。当这种活动朝向外在时,就会丧失与内在的连接,失去内在的支持,失去重心。由此产生的紧张会像一堵墙一样。当这种活动朝向内在时,紧张会消失,取而代之的是懒散,它最后通常会发展成为被动。

我不知道如何参与到外在,也不知道如何活在内在。我不了解生命的法则。我能量的参与和回撤——紧张和放松——只是发生,没有任何的意义,也没有秩序和验证标准。它们之间没有平衡,也没有共同的目标。在内在,我的注意力、我的意志总是被动的,而同时我的身体和机能却是主动的。只要这种关系维持原状——内在被动,外在主动——就不会出现任何新的可能性。我必须感受到改变这种关系的迫切性,让我的身体和机能主动地进入一种被动的状态。为此,我必须主动地将我注意力的重心定位,这种主动的注意力来自于我整个的**临在**,是一种真"我"的回响。

这时会出现一种感觉,为了让它散播开来,一种放松会自行发生。这种感觉会变得很明确。这就好像是我为一种本质性的东西让出了空间,或者说一种本质性的临在让我整个的身体都感受到了它。我觉察到自己有一种持续的倾向,想要去干扰、操纵和紧抓这种感觉,这会让这种感觉僵化并失去生命力。所以我必须在内在回到一个层面、一种深度,在这里这种感觉和放松之间的平衡能够真正实现,且不会受到干扰。这会产生一种特殊的节奏。然后,一种统一就会出现。它不是通过强制实现的,而是通过对于相关力量的理解。这样,一种某种程度上来自于一种新感受的有意识的注意力会将这种感觉和放松连接起来。

在开始的时候,我倾向于主要在太阳神经丛或头部去体验这种感觉。但当我放松下来时,这种感觉会扩张开来,形成一种根植于腹部的完整临在。葛吉夫总是称这里为素质的重心,也就是第二个身体与第一个身体连接的地方。我让自己的能量流向这个重心，这里支持着我整个的上半身，也支持着我的思维和感受。一旦我归于中心，我就能感受到思想自由了，感受也自由了。经由这个中心，我可以以一种完全自然的方式与自己所有的部分连接。我处于一种平衡的状态。这种状态由这种感觉维系着，而这种感觉会在我臣服于临在的行为中得到更新，我渴望去感受这种临在的法则。我的身体完全被占据。它被临在赋予了活力，临在在这个时刻比身体强大，比思想和欲望都强大。

我的临在非常完整。常"我"不再去判断和权衡。我不再受它的控制。另一个"我"出现了，它可以逐步地向一种对高等中心的感觉敞开。我觉得更加稳定。为了真正地感受到这种临在，我需要采取一种精确的内在和外在姿态，采取一种适当的态度，以便让我能够与生命的源头相连接，我就来自于那里。

66.成为第二天性

当内在的力量与外在的形式之间出现不协调，我们与自己的真正连接就会丧失。要么会让过多的生命力驱使一切向外，要么会过度内收，进行一种过于僵化的自我防卫。如果有太多的力量被用于显化，我们会感觉到内在的形式被打破，失去了内在的秩序或方向。我们的活动会变得没有节制，失去协调性。如果对自我的保护过于强烈，活动就会被抑制。而这个被抑制的力量对于它的载体来说会过于强大。在上述这两种情况中，我们都会感觉到缺少一个活跃的中心，缺少一种第三类元素，它可以消解外在形式与内在生命之间的那种不协调，并让我具有整体性。如果我有一个重心，那么外在的显化就可以去展现一种不断地为整体赋予生气的生命。

为了体验到重心，我需要时刻感受到一种需要：接收对内在生命的印象。为此，我必须臣服，接受印象对我的影响。我必须不断地为它让出空间。我需要通过挣扎来让出空间，保留住这种对生命力的印象，它可以让我不被外来的力量所控制。在实践中，我会发展出一种能力，从而能够意识到错误的态度并加以纠正。这必须成为我日常生活中持续存在的部分。这就是我对生命的臣服。而最难臣服的就是我的头脑。自愿地进入被动状态总是会给小我带来痛苦，它只能短暂地接受这样的状态。一旦我进入空的状态，一个来自以自我为中心的小我的念头或情绪就会打破我的状态。这种波动会打破和侵入内在的一切。

我希望去体验这种重心，但却从未让自己去全面地感受它的重量、它的密度。我总是有一种紧张、一种向上移动的趋势。这会让我不再放松和柔软，变得紧张和僵硬起来。我想要**去做**的意志、我的小我再度掌握了控制权。我不再信任在重心中体验到的活生生的力量。我再一次只是去信任"我自己"。即使我开始感受到这种生命出现的事实，我仍然对自己的紧张和放松都没有控制力。我无法同时去顾及它们。我要么紧张，要么放松。但它们是一个完整的活动，这两者就是我内在生命的活动。紧张与放松不是对立的，放松与紧张也不是对立的。它们只是跟随一种韵律，旨在保持我所寻求的那种活生生的生命形式。我很难理解达到放松所需的态度，单是尊重这种态度就会带来一种无条件的敞开。我总是希望去获取或接收**本该属于我的东西**，而不愿通过放松来感受到素质的临在，这是一种神圣的临在。我不允许这种临在影响我。

只有当我为了统一的状态挣扎了相当长的一段时间后，我才会理解纠正这些紧张所带来的负面效应有多么难，因为整个的我都被卷入了进来。在每一次紧张中，无论那种紧张多么微小，整个的我都被卷了进来。如果这种紧张已经固定下来，它就会封锁住我的素质。尽管如此，真正的放松还是可以发生，只要我能够感受到内在神秘的能量源头，感受到没有我干扰时真"我"萌生的源头。这种放松会让我保持住一种新的内在形式，它完全不同于我习惯性的紧张，在这种内在形式中，我所有的部分都会被整合起来。它会让我感觉到自己，感觉到我真正的个体性。

我的目标是变得完整，成为一个统一体。只有目标达成时，我才能了解什么对于整体来说是必需的。为此我必须归于中心。我孜孜不倦地一再回到我的重心。现在这种偶尔出现的状态必须成为我的第二天性。在没有紧张时，我的能量才能够在一种放松的、向下的活动中得到解放。我的完整性不再受到威胁。我发现了一个法则，并且愿意处于它的影响之下。这就是三力一组的法则，它可以让我成为一个全新的生灵。

67.我真正的形体

我们必须找到一种内在的秩序，一种内在的形体。为此，身体的姿态必须是可控的。只有在身体外在的形体可控时，内在的形体才能建立起来。当我静坐时，我必须先在我的重心周遭建立起一种秩序。我让自己保持挺直和平衡，柔软而没有紧张。我所追寻的不是身体的放松，而是放弃那执着的小我，它总是急切地渴望权力，但却还没有意识到它的主人是谁。我不仅坐姿与平常不同，而且整个人都不一样了。当我安住在自己的重心时，小我无法再禁锢我。我最需要理解的是一种向下的活动，再一次地浸入源头，浸入我生命的源泉。我需要不断地回归和臣服于生命的力量，这唯一的、真正的生命，我就是它的一部分。我需要让本体的实相显现，让我完整的本相在内在被创造出来。

我不断地放开我的紧张，放开我的常"我"，这个"我"持续地活动着，不愿成为整体的一部分。我的胸部、我的肩膀……所有部分都放松下来。集中在腹部的力量支撑着我的上半身。一切都受制于这种内在秩序的法则。我的内在达到了静默和统一的状态。我发觉为了让我的素质显现，我必须有一种均匀分布在各个部分的感觉，一种统一的振动。这样，一种没有波动的状态才会出现。然后我会感受到自己的提升，从充满习惯性紧张的代表小我的形体中解脱出来。我超越了它，觉知到我当下内在和外在的姿态，它们是我真正的形体，是我个人化的形体，我的本质就流动在其中。我感觉到生命的力量，没有任何的恐惧。我不再害怕迷失自己。我在。这种力量是无法抗拒的。它不是我的力量，我就在这股力量之中。只要我遵循它的法则，这股力量和我就是一体的。这意味着我所有内在和外在姿态的一种转化。如果我无法训练并转化这些姿态，那么一旦印象触及素质的体验结束，什么都不会留下来，我会再度受制于我的小我，我的暴君。每一份紧张都代表了一种远离统一状态的活动，并且会带来对放松的需求。每一次放松都包含着偏离既定方向的风险，并且会带来对紧张的需求。在这个法则背后，是我的整体在运作，每一刻我都需要去找到平衡的状态。

　　我所训练的不是我的身体、我的机能，而是我的整体。我不是从外在以我的理智在打量我的身体。身体是我生命的宝座和根基，与整体密不可分。我需要从内在去感知它。我渴望去信任生命，信任聚集在腹部的这股强大力量。我寻求一种姿态，一种存在的方式，来让我的重心保持稳定。为此，腹部必须被整个身体的力量所充满。如果那里的力量不够充盈，身体就没有重心，就会被外界的力量所淹没。这样，它也就失去了承载生命的意义。肚脐下的肌肉会有轻微的紧张。这会让力量集中在这个部位，但这个部位需要被来自身体各个部分的能量所激活。如果我姿势正确，躯干的底部就会像磐石一样稳固，我的腹部会支持着整个上半身，让它保持自由。它们之间不应有任何的冲突，必须互相接纳。它们是密不可分的。来自身体上半部分的力量会流向支持它的重心。我们必须要让胸部放松下来，防止它变得紧张。我们的体内不应有分裂。颈部也很重要，如果一个人的头部姿势不正确，头部就会与身体分裂，从而不会具有相同的重心。

  我不会带着焦虑一件件地去做这些事情。我会试着去感受这样的姿态带给我的统一状态，并且去欣赏这种统一的感觉。于是，所有主观与客观、内在和外在的分别都被抛开了。一旦我遵循这种新的秩序，并将自己置于它的影响之下，我就有了新的形体。我了解到重心就是统一性的基础。当我全部的能量都集中在这里时，我会向一种崭新的意识层次敞开自己。

第三章 呼吸

68.一种无法感知的能量流

我学着去分辨两种不同的振动波流。其中一种来自念头和情绪,把我困在一个较低的层面上;另一种更为精微,它可以唤醒和激活头脑与心的未知部分。如果我没有长期体验到这两种能量流的不同以及它们对我素质的不同影响,我就无法获得一种新的领悟。它们对我的影响取决于我是否被动地屈从于第一种能量流,或者反过来,取决于我能否带着有意识的警醒觉知到第二种能量流。通过呼吸,通过向一种给予我生命的神秘力量主动敞开,我可以觉知到这种更为精微的能量流,它会开启我内在潜伏的可能性。

我通过呼吸参与生活。我在呼吸中感觉到自己的存在。这就是我存在的方式,但我并不信任呼吸,我不让自己自然地呼吸。我吸气,但从不彻底地呼气。我想要介入,不愿如实地接受这种生命活动。

我需要去观察我到底是从胸部还是从更低的部位,即横膈膜进行呼吸,并发现自己的呼吸中不正确的地方。我没有让呼吸自由地发生:我要么抗拒,要么强迫自己呼吸得更彻底。这两种方式都是一种介入。即使我知道我需要怎么做并且去尝试,但我还是无法让呼吸自由地进行。甚至当我只是在观察呼吸时,我还是介入了。我观察的方式是不对的。我无法让我的小我相信,呼吸中蕴含的生命力比它更有智慧。

我并不了解自己在呼吸时的状态。我不知道呼吸的行为总是被来自小我的各种形象、想法和情绪所改变。我必须学会让呼吸自行发生而不去改变它的节奏。我必须达到一种不受常"我"干扰的状态。要做到这些,我必须在腹部感觉到自己的重心。让呼吸自行地、自主地发生是件非常重要的事。这样,我就能参与到一件更加伟大的事情中来。我作为一个部分参与到这种体验中,它为我带来了转化。

可以被感知到的呼吸不是真正的呼吸,真正的呼吸是那股激发吸气与呼气的能量流。我们察觉到气流,但却觉知不到这股无法感知的能量。它是一种磁力,可以激发呼吸活动,并且能碰触到素质的核心部分。吸气与呼气并非像直线一样进行。它们像是一个辐射性的圆环或轮子,可以触碰到身体的每一个部分。实际上,这种能量流可以让身体接触到素质的所有层面。当我感受到内在的统一性时,我会体验到一种对更有意识的呼吸的需要。

69.了解呼吸的几个阶段

觉知呼吸行为可以让我们更好地了解掌管生命的法则,了解服务于这些法则如何为我们的存在带来意义。对呼吸真正的了解要经历一系列不同的阶段。

第一个阶段是觉知身体层面的呼吸,并让它自然地进行。呼吸可以自行进行。如果呼吸很浅,通过胸部而非横膈膜来进行,这就表明我是紧张的,并且受到常"我"的局限。我不允许呼吸自由来去。我吸进空气却不让自己完全地呼气,就好像我害怕吸进来的空气不够似的。我们首先要学习的就是让呼吸自然地发生,不让常"我"去干扰它。我需要把呼吸带到身体中更低的位置并且完全地呼气。

第二个阶段不只是在身体层面做呼吸的练习,还要有自我层面的练习。我不再把重点放在完全呼气上,而是在呼气时放掉对自我的紧抓。我不仅放松我的肩膀和胸部，还要把整个的自我放松下来。我了解到我平常的呼吸反映了"我"的一种错误态度。是"我"没有正确的呼吸，而非我的身体。在工作中，我发现我所有的显化和头脑的态度都会阻碍呼吸的进程。这是一种对生命基本韵律的抗拒，一种对失去自我的恐惧，一种对生命缺乏信任的表现。

第三个阶段将是去体验在呼吸的不是我而是"**它**"——一种宇宙的本体，并且觉察到呼吸是一个有生命的整体所进行的一种基本活动。我们需要学会去觉知生命，觉知本体在我们内在的显现，觉知我们被包含在一个有节律的秩序中。我们不是从外在来进行观察，让自己与观察对象保持分离，而是与体验融为一体，并被体验所转化。通常我们无法被体验所转化，那是因为我们将自己同实相分割开来，迷失在常"我"之中。真正的意识是隐藏的，总是扮演次要的角色。我们必须让头脑中所有的形象和预设的观念都消解掉，这样才能觉知到意识的本源。我们必须让意识显现并担当起主要的角色。这样一个人才能顺应他的本体来生活。这种对于内在生命的主动认可会让我们感觉有必要去听从"意识"的指引，并依照我们的领悟去改变和生活。

最终，一个人会臣服并且信任生命和本我。他把自己交托给宇宙的起伏变化，以他所有的部分了解到所有的形式都是从虚无、寂静中产生的，它们一旦完成使命就会被再度吸纳回去。他会明白他可以在失去自我时找到自己。他会从某种主观的局限中解放出来，但却会意识到他的本我是宇宙宏大生命中一个负责任的参与者。他参与了**整体**的运作。

70.我活在我的呼吸中

当我只是停留在自我的表层时，我无法随心所欲地放松下来。而当我沉入更深的内在时，会有那么一个时刻到来：我无法随心所欲地紧张起来。然而我的内在状态还可以达到这样一种层面，即觉察各种紧张的升起以及它们之间的互动，但又不会完全被它们所控制。我的觉知保持在某种不会被控制的东西上。这种状态直接取决于我是否能体验到自己的重心，我需要不断地回归自己的重心。这些紧张与放松的活动是我对生活作出的回应，它们会影响我的呼吸。当我看到自己的呼吸从来都不是自由的时，我就会去质询呼吸的重要性以及它与我的头脑、心和身体的关系。

当我安静地坐下来时，我会感觉自己被不计其数的细微紧张所约束着，就像在一张网里一样。就在我有了这样的感觉时，这张网松了下来。随着紧张的消失，我内在的生命就会像穿透云雾一样显现出来，于是我变得自由了。我非常清晰地觉察到我身体的姿势决定了这种自由是否能够出现。首先，骨盆和双腿的姿势可以让我的脊柱挺直，膝盖一定不能高于臀部，这样就能保持躯干、腹部以及头部等其他部位姿势的正确性。我觉察到内在对临在的感受取决于我的紧张程度。如果太阳神经丛的位置太过开放或紧缩，这种形成临在的能量就不会出现。这种能量需要自由地流过，即使是最轻微的阻碍都会干扰这种能量流的形成。一旦这种能量出现了，我就会感受到自由。我感受到自己的存在，这是一种我之前所不知道的全新存在状态。我会突然间意识到我的呼吸。我知道我在呼吸。这就是我在自己内在感受到的生命活动。

我不会专注于呼吸的动作，也不会试图去思考呼吸。我必须与对呼吸的感受融为一体，去感觉吸气和呼气都是自然和自发的，通过接纳一切来放弃所有的努力。我没有任何保留，让自己完全地呼气。当我能够让呼吸更加自由和全然地发生时，我就能感觉到能量充满了我的腹部，并且不再有那种不断上升的倾向。在呼吸中，我觉察到念头的升起和消失，我觉察到它们后面有一股能量，那是用于思维的能量。而念头不是思维本身。

在更深的放松中，我感受到呼吸就是我内在这种能量的生命力的体现，这种能量所含有的元素可以滋养我内在的临在。我感受到它所经过的路线和轨迹非常重要，它们可以让各个中心的生命力互相连接。我需要先通过感觉与这种能量建立连接,并习惯于不带任何期望地去感受它的轨迹。

当我能够觉知到这种能量时,我就能感受到呼吸的重要性,好像它就是一种生命活动。我感受到呼吸就是一种充满生气的活动,是一种统一生命体的活动,我也被包含在其中。我就存在于这种活动中。我不可能把自己分割开来,从一旁去观察,也不可能为了自己的目的而让这种活动固定或停止下来。我只能去感受自己是它的一部分。没有它我什么都不是,而没有我它也无法有所作为。我放开手,在失去自我的同时找到真正的自己。我臣服于这种活动。在这种活动中形式被创造出来,而形式一旦出现后马上又会被消解。我活在我的呼吸中。

71. 不怕失去自我

有一种印象可以让我停留在当下的真相上并唤醒我的注意力——我在呼吸的事实。我全部的注意力都投注在这种呼吸活动上。我忘记了所有其他的事情。我需要给与它全部的关注。我与这种对呼吸的感受融为一体,但我不会在呼吸中做出特别的努力。我只是感受呼吸——吸气、呼气、吸气、呼气……念头会浮现。我只是把它们当做念头,当做飘过的念头来观察。我不会尝试去消除它们,也不会在它们当中迷失自己。我知道它们不是实相。然后我让注意力回到呼吸上来。在这样的状态中我别无所求,没有任何欲望。我什么也不期待。

我呼吸,我就是这呼吸。为了了解呼吸,我必须持续地观察它。观察和呼吸这二者缺少任何一个,都不会有秩序,不会有了解。它们在一起才有意义。这样,呼吸就会自行发生,不需要努力或强迫,我只是去感受呼吸的活动。这一切取决于我的思维所具有的智慧和品质是否能带来一种没有语言的有意识的观察、带来一种觉察。这需要我更加彻底地放松,进入一种更为自由的状态,不再受制于总是要介入呼吸的常"我"。我不再去控制我的呼吸，而是任由它自行发生。

我从释放自己各处的紧张开始。首先是头部。我能感受到一种更为平静的能量与混乱的念头波动之间的不同。随着我的放松，混乱的波动开始平静下来。过了一段时间之后，当我感受到头部的能量变得更加自由时，我会去放松我的脸部和颈部，随后是脊柱。我保持着一种平衡的状态，体会到一种平常所没有的深层感觉。我的感觉是顺从的，顺从于这种自由的振动，顺从于这种内在生命力的自由活动。然后，我来到太阳神经丛。这里的紧张也释放掉了。我臣服了。我不会去控制能量。它不属于我，它是自由的。但只有我让它自由地流进腹部时，我才能够真正了解它。如果我的内在完全没有紧张，如果能量不在任何地方被卡住，它就会自由地流向它的源头，感觉起来就像是来自另一个空间的力量一样。我不会害怕给这股能量让出空间，也不会觉得到自己受到了威胁。

现在，我觉得更加自由，我把注意力转回到呼吸上。我温和地呼吸，不会有所保留，也不会害怕失去自我。这就好像在用我的自我做练习，而非仅仅参与到一种只涉及身体层面的活动中。我信任这种活动，允许我所有的概念和想法都消解掉。我不害怕完全地呼气。我在人类自我的层面上发现了一种新的意义、一种神圣的感觉。

我再一次看到我只信任自己，但我也需要信任空气中蕴含的那种活跃力量。当我感受到一种更加平衡的状态时，我好像可以通过各个中心进行呼吸，并且静默地说"我在"。当我说"我"的时候，我感受到三个中心好像站了起来；而当我说"在"的时候，我也能感受到它们，这时它们好像坐了下来。当我吸气时，我说"我"，代表吸进空气中活跃的元素。当我呼气时，我说"在"，感觉那些活跃的元素流进并充满我的身体。除了"**我**"和"**在**"之外，我不再尝试添加其他的内容，只是对自己默念这两个字。随着每一次呼吸，我按照这样的顺序让活跃的元素充满我的身体：右臂、右腿、左腿、左臂、腹部、胸部、头部，然后是整个身体。

第七篇　我是谁

第一章　小我与幻象

72.对自我的想象

为了知道我是谁，我需要去觉察自己内在真实的东西。对此最大的障碍就是幻象。我心甘情愿地让想象替代了意识，让对自己的想法替代了对真"我"的感受。

在聚集到一起工作时，我们每个人都带来了很重要的东西——我们的小我。我试图去了解我为什么要来。我觉察到我的小我，我的人性就在这里，我紧抓着它。如果我足够诚恳，就会觉察到它在很大程度上与引领我来到这里的力量混在了一起。但小我帮不了我。觉察到这些，觉察到我仍旧相信我就是这个小我，会让我带着强烈的情感去提出这个问题："那么，我是谁呢？"

以我们现在的状态，我们都被对自己的想象所影响着。这种影响让人难以抗拒，并且局限了我们生活的各个方面。一方面，我有着这种想象，这种对自己的错误概念。另一方面，还有一个真正的"我"，我并不了解它。我觉察不到这二者的区别。就好像这个真正的"我"被埋在了一大堆信念、兴趣、嗜好和伪装下面。我所肯定的一切都只是这种对自己的想象。我不了解真正的"我"，所以无法去肯定它。它呼唤我的关注，并且渴望去获得了解，渴望活跃起来……以便能够去获得了解。但现在它还很弱小。尽管如此，它就像一颗种子一样。如果我的意志足够坚定，对这种了解的追寻就可以成为真"我"成长的土壤。

我需要学会辨认出真"我"并把它与我对自己的想象分开。这是一个艰苦的工作,因为那个想象的"我"会去保护它自己。它与真"我"是对立的,恰恰就是与真"我"相反的样子。在想到自己时,我总是认为我是存在的,而我对自己的想象,也就是我们所说的个性,是不存在的。我对这种想象完全不了解。然而只要我不了解这种想象,我就无法了解自己的本相。

在我通常对自我、对小我的感觉中,这种对"我……自己"的想象处于核心的位置。我内在的所有活动都在保护这种想象。在我的潜意识和意识层面都有着同样程度的这种倾向。因为我们会不惜一切代价来保护这种想象,所以我们的体验和知识就显得非常重要。我们做事时不是因为喜欢而作出选择,而是因为这么做可以肯定和安慰那个想象的"我"。我所有的念头和情绪都是以此为动机的。但这种倾向太细微了,我们根本觉察不到。我们满脑子都是自己理想的样子,从而忽视了我们现在、当下、在此时此刻真实的样子。或许在对"我"的想法形成的背后回响着一种很深的渴望、一种对**存有**的渴望以及一种对完全活出自己本相的渴望。但现在这种对自己的想法处于控制地位,想象的"我"一直在追求、争斗、比较和评判。它想要成为第一、想要被认可、赞赏和尊重,想要去炫耀它的力量和威力。多个世纪以来的社会心理结构造就了这样一个复杂的存在体。

我对此有所了解吗?不只是短暂地或偶尔地注意到它……而是每时每刻在每一个行为中真正地觉察到它,无论是在工作、吃饭、还是在与他人谈话的时候。我能觉知到自己总是想要成为"某人",并且总是把自己和他人进行比较吗?如果我能够觉察到,我就会渴望把自己从这种倾向中解放出来,并且知道为什么要把自己解放出来。如果我无法领悟到这种解放就是我探寻的本质,就是我向了解自己迈出的第一步,我将会继续被愚弄,我所有的努力、所有对改变的尝试都只会以失望告终。想象的"我",对"我"的想象将会继续被加强,即使在我最深层的潜意识中也是如此。

我必须诚实地承认,我对这个"我"一无所知。我只有把它当做一个事实来接受,才能对它产生兴趣并升起想要了解它的真正渴望。这时,我的念头、感受和行动将不再是我漠然观察的对象。它们就是**我自己**,就是**自我**

的表达，我需要了解它们。如果我渴望了解它们，就必须与它们共处，不是作为一个旁观者的角色，而是要带着情感，并且避免去评判它们或为它们辩解。我必须时刻与我的念头、感受和行动共处，并且因它们的存在而受苦。

73.暴力的自我主义

我们并非是自己所认为的那个样子。我们因想象而盲目，过高地估计了自己，并且欺骗了自己。我们总是欺骗自己，每时每刻，从早到晚，终其一生都是如此。如果我们能够在内在停下来，不带预设地观察，接受一次我在欺骗自己的这个事实，也许我们将能看到我们并非是自己所认为的那个样子。

我在某些时刻会进入真正的宁静、静默中，向另一个空间、另一个世界敞开自己。我没有发现除了在这些时刻，我都会被冲突和矛盾，即自我主义行为的暴力所控制，不停地被它所孤立和分裂。我所做的一切都源自于这种行为。在发现新的可能性的过程中，我需要去了解这部分特质的根源是什么。我必须明白这不是一个我可以随时或随意放在一边的身外之物。它就是我，我不可能不是它。这种暴力的自我主义就是我，我必须要去觉知它的行为。要觉察到这种暴力，我必须与自我进行紧密而真正的接触，不带任何预设形象地观察自己。

我们为何会有一种自我证明、自我实现的迫切需求呢？因为有一种很深刻的动力在发生作用：那是一种对渺小感的深深恐惧，对完全隔绝、空虚和孤立的恐惧。我们自己创造出了这种孤立——用头脑，用自我保护，用自我为中心的想法，比如，"我自己"、"我的"、**我的**名字、**我的**家庭、**我的**地位、**我的**品质。在内心深处，我们感觉到空虚和孤单，过着狭隘和肤浅的生活，情感上是饥渴的，思想上是老套的。由于我们那狭隘的"我"是痛苦的根源，我们都希望——有意识或无意识地——让自己迷失在个体性或群体性的刺激中，或是迷失在某种形式的感觉中。我们生活中的一切——娱乐、游戏、书籍、食物、饮料、性——会在不同层面给我们带来刺激。我们着迷于这些刺激，并寻求找到一种"快乐"的状态，寻求保持一种快感，好忘掉那个给我们带来痛苦的"我"。我们的头脑一直都忙于逃避，不断地通过各种方式寻求被外界的事物所完全吸引，沉迷在一些信仰、爱情或者工作中。这种逃避的重要性已经超过了我们所无法面对的那个真相。

我们狭隘的头脑只是围绕着自身利益打转，为了减少生活中的挑战，它会通过自己有限的理解来诠释它们。而这样做的结果就是导致我们的生活缺乏强度，缺乏强烈的感受，缺乏热情。这是一个至关重要的问题。当我们在内在深处具有真正的热情时，我们会有强烈的感受，并且对痛苦、美、大自然……乃至生活中的一切都极为敏感。我们会很在意生活，在意在生活中一起工作并建立连接的可能性。但是没有了热情，生活就是空虚的、毫无意义。如果我无法深刻地感受到生活以及生活中挑战的美妙之处，那么生活就没有任何意义，我们也只是机械地运作。这种热情与虔诚和情绪化的冲动是不同的。一旦这种热情具有了一种目的或偏好，它就转变成了喜悦或痛苦。而我们所需要的热情是对**存有**的热情。

我们中的大多数人都是以常"我"为中心的，不会爱也得不到爱。我们心中的爱非常少，于是我们到处去乞讨爱，寻求爱的替代品。我们通常的情感状态是负面的，我们所有的情感都是对刺激的反应。实际上，我们都不知道积极的情感意味着什么，去爱又意味着什么。我的常"我"，我的小我总是被我的好恶，即"**我**喜欢的"和"**我**不喜欢的"东西所充满。它总是希望接受，希望被爱，并且逼迫我去寻找爱。我的付出是为了收获。或许这是种头脑或"我"认为的慷慨，但它不是来自心的慷慨。我用这个"我"，用小我去爱，而非用心去爱。在内心深处，这个小我总是与他人有冲突并且拒绝分享。生活中没有爱的人会处于长期的矛盾中，这是一种对真相、对事物本相的拒绝。没有爱，一个人永远都无法找到真实的东西，他所有的人际关系都会是痛苦的。

如果我无法全然地了解自己，无法了解我的头脑和我的心，以及我的痛苦和我的渴望，我就无法活在当下。我必须要去探索的并非是超越自我的东西，而是我思维和感受的根基。我的思维渴望持续性和永久性，它的这种渴望催生了我的常"我"。这种思维是恐惧的根源，那是种对失去的恐惧、对受苦的恐惧。如果我不了解自己全部的意识——潜意识和意识，我将不会了解恐惧，我整个的探寻也会误入歧途并且遭到破坏。那样，我就不会有爱，我唯一的兴趣就是确保这个"我"的持续性，甚至想让它在死亡之后也仍然存在。

74.从恐惧和幻象中解脱

我的头脑是否能够总是处于生机勃勃和崭新的状态，并且具有一种不会创造任何习惯、不会紧抓任何信念的思维呢？为此，我们必须了解我们用来生活的整个意识。它在一个有局限的框框里运作，只有打破这个框框它才能够获得自由。我们所寻求的是一种"我不知道"的头脑状态。我们不用试图去了解那些我们意识不到的部分，而是要如实地看到虚假的部分。破除那些虚假的部分会清空我们头脑中已知的东西。只有空的头脑才能到达一种不知的状态并发现真相。

觉察到那些用原则和概念控制我们的语言和想法是很重要的。只要我们还陷在那些让我们安心的信念编织的大网里，我们就无法具有真正的探寻所需的强度和精细度。除非我能够了解这一点，否则我的观察只会基于形式、基于已知，而不会充满发现精神，并总是带着新鲜感。这样的观察是以自我为中心的，我的常"我"会从以自我为中心的角度诠释出现的一切。

我们需要了解生活中的恐惧，它是一个基本的事实。只要我们全部的意识没有从恐惧中解放出来，我们就不会走得太远，无法深入自己的内在。恐惧从本质上来说是与我们整个的探寻相对立的。但我们内在恐惧的根源是什么呢？这样的恐惧真的存在吗？我们是否曾经将恐惧作为一个事实而非一种由事件引发的感受来体验的？当我们直接面对这个事件——比如说险情——我们会恐惧吗？事实上，恐惧只有在思想专注于过去或未来时才会产生。如果我们的注意力就在鲜活的当下，那么思考过去或未来都是一种不专注，一种会引发恐惧的不专注。当我们完全专注于当下，完全保持临在时，恐惧就无法存在。这时，我们会发现自己什么都不知道，无法作出回应。在这种完全不确定的状态下我们可以发现真相。如果我们想深入内在，看清这里到底有什么，乃至看清更高层面的东西，我们就不能有任何形式的恐惧，不惧怕失败或受苦，最重要的是不惧怕死亡。

我们从未用自己所有的部分去质询死亡到底是什么。我们总是从生存的角度来看待死亡，认为生命就像一条由事件组成的链子或是一种无休止的活动。但是这种生存只是已知事物的生存。而实际上，我们的生命确实是一连串已知事物组成的。我们总是基于已知去行动。我们渴望持续性，执着于生存，却没有去询问这种渴望的来源。我们没有了解到这种渴望只是一种思想的空洞投射，它来自于我们的认同创造出的想象的"我"——我的家庭、我的家、我的工作成果。当我们清晰地意识到这一点时，就不会带着多愁善感以及通常那种肯定自我的企图来探究这个关于延续性的问题。

我们需要了解到并没有一个"思考者"，我们那个想象出来的"我"在思考着"我自己"和"我的"，而它只是一个幻象。为了接触到真相，我们必须驱散这个幻象，以及其他基于思维的幻象，包括那些对快乐和满足感的欲望。只有这时，我们才能看到我们的野心、挣扎和痛苦的真正本质。只有这时，我们才能看穿它们，到达一种没有矛盾的状态、一种空的状态，从而体验到爱。带着这种放弃自我后所达到的空的状态生活是非常重要的。随着对自我的放弃，会有一种对**存有**的热情升起，这是一种超越思维和感受的渴望，一种可以焚毁一切虚幻之物的火焰。这种能量可以让头脑穿透到未知中。

围着中心绕圈的行动是无法到达中心的。表面化的行动无论怎样也无法穿透到更深的地方。为了了解自身，头脑必须静止下来，不带任何的幻象。带着这种清明，我们会发现那个无足轻重的"我自己"消融在一种无法衡量的宏大之中。时间消失了，只有当下。保持临在就足够了。每一刻我们都在死去、都在活过来、都在爱、都在**存有**。从恐惧和幻象中解脱之后，我们每一刻都在已知的层面死去，从而进入未知。

第二章　向未知前进

75.我不知道

在寻求觉察内在真相的过程中，我可能会来到感知的门前。但只要我紧抓着已知，门就不会打开，真相就不会显露出来。我需要空着手才能接触到未知。

在开始时我无法确认我是谁。我需要做的就是把自己同常"我"区分开来，觉察到我不是我的想象，我不是我的感受，我不是我的感觉。于是这个问题就会升起来：我是谁？我需要去聆听，我需要安静下来以便调动我全部的注意力来达到一种更加平衡的状态。我就是这个状态吗？不，但这个方向是好的。我从涣散走向统一。我的探寻可以继续。我看到我用于思考的能量被所有抓住它的念头所指挥，既没有力量也没有方向。为了到达"我"的源头，这种能量需要被集中和专注到一个问题上来："我是谁？"我要学会专注。

我不知道我是谁，所有我知道的东西都无法给出答案。那未知的、神秘的东西无法用已知来了解。而且我的所知所学会阻碍我发现事物的本相。我整个的思维过程、来自已知的局限会将我封闭在思想的领域里并妨碍我继续向前。我在这种局限中能找到快乐和安全感，于是会无意识地紧抓住它。

我无法面对未知。我感觉它很虚空，就像一个需要被填满的空无一样。我不断地想要用答案把它填满，在我头脑的银幕上投射出一个虚假的形象。我害怕会找不到自己。为了消除这种不确定性，避免不满，我不断地去肯定一些虚假的东西。其实我需要这种不确定性，需要这种不满，把它们当做来自心的指引，帮助我回归自己。因此我必须要更加敏锐地去感觉我想要避开的东西，去接受这种虚空、这种空无。

接触未知意味着来到感知的门前并且能够把门打开，从而觉察到未知。但只要我被语言所控制，总是去命名，总是通过名字来辨识一切，我就无法觉察到未知。语言会制造局限，制造障碍。要进入未知，我的头脑必须如实地觉察到局限，不去评判它的好坏，也不受它的控制。我能够在觉察自己时不去给觉察到的东西命名吗？我带着专注的注意力来到感知的门前。

我学习去聆听内在的未知。我不知道，于是我去聆听，不断地排除来自已知的回应。一刻接着一刻，我意识到我不知道，于是我去聆听。聆听的行为本身就是一种解放。这种行为会让我安住于当下，当我如实地了解了当下时，就会有转化发生。我向着未知前进，直到有一刻，我的头脑中不再有念头活动，外在的一切都消失了。我不知道我是谁。我不知道我从哪里来。我不知道我将会到哪里去。我怀疑一切我已知的东西，没有任何东西可以依赖。我所渴望的就只是了解我的本相。没有语言，没有形体，身体和它的重量好像都消失了。我感觉自己好像变得透明了。现在，整个的内在空间都十分纯净，它的品质像空气一样轻。我感受到我的解放就来自于这种对自我的探索，它是唯一的道路。

76. "我在"的回响

要了解我内在那股充满生气的能量，仅有对它的**记忆**是不够的。我必须有一种对未知的直接感知。但我们活在记忆中，活在回忆里。记忆用一个死气沉沉的形象去替代一个活生生的事物，这阻碍了我对它的感知。我们强行用不真实的、其他的东西替代了事物的本相。

我渴望觉知到内在这股未知的能量。为此，我需要摒弃"我了解自己的身体"这个想法。我必须觉察到，在我质询我是谁的时候，在我迷惑不解的时候，我身体的记忆、我身体对既有感觉的记忆会将它们自身作为答案强加给我。由于这个答案是自发出现的，我仍旧会处于被动状态，并没有清醒过来去进行观察。我必须觉察到这种让感觉的记忆取代直接感知的持续倾向。我需要觉察到我的身体对于我来说也是未知的。

我感觉本质的"我"就像是远方难以察觉的一种振动产生的回响。它好像是潜藏在我体内一样。由于它是潜藏的，因此无法被分辨出来。我需要把自己从念头、通常的感受、行动及感觉中分离出来。它们那些局限了我的惰性振动，阻碍了我去意识到真"我"。但我有能力忽略它们，不让它们侵入我的意识，前提是我必须专注于这个真"我"，这种强大振动产生的回响可以将我转化。

就像其他人一样，我有时也会感受到很深的焦虑和不满，这是由于我没有去聆听来自我临在的更为精微、更为细微的振动。我没有让它们赋予我生气。我没有准备好。我总是一再地被我机能的惰性振动所驱动。但是，焦虑和不满是不够的。我需要将一种更为有意识的感受和一种更为有意识的念头，指向这种潜藏的力量。我需要明白我的念头背后有些东西，我的感受背后有些东西，我的活动背后也有些东西……我必须主动地走向"这些东西"。现在的我，能量太过散乱、太过被动。我的能量没有被引向同一个方向。

我逐渐意识到要超越现在的状态，就必须有更强的专注力。当我明白了这种需求，就会有一种专注的活动发生，专注的对象是内在一种想要成形的东西。在这种主动的活动中，我的注意力变得活跃和精细起来，当这种活动经过一个临界点之后，就不再需要语言，小我会安静下来，身体也会静止下来。**我是谁？**在一种没有语言质询的状态中，我进入空无。我接受不去命名、什么都不知道的状态，完全地专注于这种静默。我完全地专注于这个问题："谁……？"就好像有一块磁铁把所有的感知力都吸引了过来。在我们整个生活的背后，在所有活动的背后，这个问题的回响必须比外在生活对我们的持续呼唤更为强烈。"谁……？"我渴望在念头升起前渗透到这种状态中。我从这些念头产生的地方进行观察。温柔地、非常宁静地，我渗透到了这种状态中。绝对的宁静是必需的。

我是谁？我聆听这个问题的回响。然后，我开始听到一种作为回应的回响，通过一种对生命的感觉、一种对生命流动的感觉，我感知到这种回响。这显示出我的本质在此刻被触动了。我的工作不是想象出来的，不只是停留在表面，它渗透到了更深的内在。

我属于这个生命，我可以感受到它的回响，并渴望让自己与它共鸣。我在内在去聆听"我在"的回响。它的重要性必须高过一切。我的灵魂本身就在这里。

77. 静默

我有一个预设的想法，认为静默和平静的状态是没有能量和没有生命力的，在这样的状态里一切驱动我的东西都会停止、暂停下来。而实际上，静默是能量最强的时刻，这种状态太过强烈，以至于其他的一切都显得很安静。

我越来越多地感受到一种吸引，要去觉知事物的本相、觉知我的本相。我并没有真正地敞开。小我要花很长时间才会让开，我有着难以逾越的局限。我感觉到要接收到真相，就必须有一种转化，有一种对自我局限的突破。要了解我是谁，我需要一种对自己的感知，这种感知超出了我寻常感觉和机能的能力范围。为此，我需要静默和宁静。这种在寂静中呈现的对真"我"的感知需要被牢固地建立起来，就好像根植于身体里的对自我的观念一样牢固。

为了体验到实相，我必须有一种空间感。但我们的念头所创造的空间是有限的和狭窄的。我们把自己隔绝开来，不断去衡量和评判，并且从这个有限的空间中去思考和行动，甚至相信我们可以对他人有所贡献。因为我们的头脑所知道的就这么多，所以我们认为这个空间非常重要。我们的常"我"出于对渺小感的恐惧紧抓着这个空间。在这个狭小的空间中，我们所有的感受都来自于这个"我"，来自于这个"自己"与不是"我"的东西之间的对立。我的思想无法向另一个空间敞开——而静默就存在于那个广大的空间里。我无法获得一种无拘无束的感受。

凭借思维无法让我从这个狭小的空间中解脱出来。思想靠自身是无法静默下来的。只有在我所知和所学的东西都死去之后，我才能够向新的东西敞开自己。只有这时，我才能真正地了解自己，也就是说，一刻接着一刻地了解自己是如何生活的。只是这个行为就可以去除我对渺小感的恐惧，并且把能让头脑完全静默的能量带给它。有时在两个念头之间会有一个停顿，在那一刻我可以感觉到这个空间在超越一切限制地扩张。只有在这个空间里，在这个小我无法到达的广大空间里，头脑才能静默下来。此时，我不会再去寻求一个答案，在全然的专注中，我进入未知。我不再寻求，只是感知。我不需要去寻求好的东西，这种注意力就是唯一的好东西。这种专注就是一个静心的过程。

安静本身就很重要，静默本身就是结果，我们不需要通过它再去获得什么。我们需要在头脑、心和身体都静默下来时去发现静默的本质。当头脑和心都安静下来时会发生什么呢？这种静默……它能觉知到自己的存在吗？通过专注于静默的本质，我感受到一种智慧的觉醒。重要的是这种智慧的出现，而非它能解决什么问题。这种智慧是神圣的，不会去服务于我的小我、我的野心。当我看到自己被幻象所控制时产生的静默是很有启示性的，但它只有在我不刻意寻求时才会出现。我感觉到实相对我的影响，但我不是完全被动地接受影响。我学着让我的念头绽放，然后凋零。这个空间是自由的，我不会去对抗。思维本身就像是一道光，它不再求助于经验。我们必须穿越已知的世界来进入未知的世界，进入空无，进入实相。

我开始了解静默并非是我能够刻意寻找到的。当头脑觉察到思维的过程和已知对它的局限时,静默就会来临。这种观察就像是一个人看着一个可爱的孩子一样,没有比较或指责。观察是为了了解。只要懂得了这一点,我寻求静默和宁静的动机就不再是为了安全感,而是为了能够自由地接触到未知、接触到真相。这时,头脑就会变得非常安静。这会开启一扇通往实相的大门,带来无尽的可能性。头脑不再是一个对未知的观察者,它就是未知本身。

想要变得有意识的渴望就是对**存有**的渴望。我只有在静默中才能理解它。

78.内在的孤立

我们的常"我"渴望延续性。我们的头脑从不停息。我们不敢什么都不想、什么都不做,不敢直接面对空虚——这会带来一种可怕的孤立感。我们害怕孤单,因为我们害怕没有存在感,害怕没有体验。我们的生活是一种已知的延续,我们总是在已知的范围内行动,不敢去触及未知。但已知是无法接触到未知的,基于已知的思维也无法进入未知。我们必须让那部分自我死去,这样未知才能显现出来。

如何才能触及内在的真相呢?我只有了解了常"我"的运作和它对永生的持续追求才能够真正地触及内在的真相。这个"我"能体验到什么呢?为了了解自己,我需要带着清明不懈地去觉察常"我"的活动。获得这种了解是很艰难的,但它会带来无比的喜悦和静默。这个"我"不停地升起和消退,不断地去追寻,有成功也有失败,但它总是感觉受挫。它总是想要"更多",而且它的欲望又是彼此矛盾的。如果我要理解这一点,就必须排除头脑的干扰。我的内在不应该有一个偏袒一方的评判者,这样只会让冲突继续。我的内在也不应该有体验的主体或客体,这样才能有直接的连接。这种直接的连接会带来理解。静默不应该来自于反应,而是应该基于对思维过程的了悟。

有时候,我会感觉到一种完全的孤立,我不再知道如何与周遭连接。我在任何地方都总是会感觉到孤单。即使是与好友或家人相处时,我仍旧感到孤单。我不知道与他们有什么关系，不知道实际上是什么把我和他们连接在一起。这种孤立和隔离的感受是以自我为中心的头脑——**我的**名字、**我的**家庭、**我的**地位——创造出来的。我需要体验到这种孤立感，我需要像穿越一扇门一样穿越它，达到一种更好的状态：一种更深的完全"放下"的状态、一种"一体"的状态。这不再是一种隔离的状态，因为隔离本身也被包含了进来，包括所有刺激和反应在内的整个思维和体验过程也都被包含了进来。当我们在各个层面的意识上都理解了这个过程，我们的思维和感受就不会再被外部事件和内在体验所影响。当头脑里不再有刺激和反应我们就会达到"放下"的状态。只有在这样的状态里我们才能找到真相。

　　为了活出静默的状态，为了了解事物的本相，我需要获得一种空无的感觉，没有任何想象的投射。我尝试着脱离这个由掩盖我内在实相的幻象构成的世界，不被它所影响。我专注于"**这里……现在**"。我不会像以往那样去填充这个空无。我感受到我就是这个空无。我接受这里什么都没有，我不再寻求庇护或保障。我觉得自己就像是一个只能看到虚空的瞭望哨一样，我在寻求静默的状态。这种内在的静默意味着放手和臣服。我的常"我"臣服了，我的头脑在一种超越思想和语言的态度中变得更加自由。这就像是一种让头脑活动全部停止的静心。

　　我需要去感受一种真正的孤立，哪怕我感觉不到周围人的关注和理解，哪怕我因此体验到悲伤。从日常的、想象的和虚幻的东西中孤立出来是很棒的。这意味着我第一次了解到"我在"。这种孤立意味着脱离了一切已知，脱离了一切不在**此刻**、不属于超越时间的当下的东西。这种孤立以一种空无的形式出现，但它不是一种绝望的空无。这是我思维品质的一种彻底转化。当头脑从所有的话语、恐惧、欲望和斤斤计较中解放出来的时候，它就会进入静默的状态。这时，会出现一种深刻的渺小感，这就是谦卑的本质。同时，我会感受到真正地进入了另一个世界，那是一个看起来更为真实的世界。我只是一种更加宏大的实相中的一个微粒。我体验到孤立并非是因为缺少了什么，而是因为这里已经有了一切——一切都已在此。

第三章　我真实的本性

79.我内在实相的屏障

"我就是我的身体"这个信念遮挡了我内在的实相。我被物质层面的吸引所催眠，紧抓着形式并一直把外物当真。在临在的努力中，我总是想要获得对一种形体，一种新的形体的感觉，但那只是一个形体。我日常机能的运作以及我感觉自己身体的方式都妨碍了我觉知到自己的真实本性。只有我对自己的概念不再根植于身体层面时，一种超越寻常想象的了解、一种新的了解才会显现出来。

我需要诚心地接受我不是我的身体、我的头脑或我的情绪。真正的"我"不是暂时性的。我的念头、我的感觉、我的状态都是不断变化的，但真"我"一直都在这里。有些东西是不变的。所有这些状态都像是在我素质表层出现的现象。它们不断地活动着，但有些东西是静止的，并不受这些活动的影响。真正的"我"保持着静默，就好像融进了我的身体里一样。但它仍然会寻求对自己的了解。这个"我"越是要去寻求了解自己，就会越少地参与到它所融入的这个身体中、越多地参与到意识中来。"我是谁？"这个问题就像是一种回响，它通过高等中心从另一个世界传来，以便能够在低等中心里产生共鸣。这种回响就是我现在对内在另一种本性所具有的了解。

我问出这个问题并保持专注，但并不是为了获得意识、获得真正的

"我"。我专注是为了去除阻挡我前进的念头所形成的屏障。我们被理性的头脑所控制。我们因此受到奴役。只要头脑还控制着我，只要我还相信我就是我的念头、我就是我的身体，我就无法了解意识、无法了解我真实的本性。只要意识不在，我就必须去追问我是谁。在意识出现的时刻，这个问题根本不会升起。

我越来越多地感受到对宁静和静默的需求。在我持续的念头和感受形成的各种表象背后，存在着一种非常精微的能量，它的存在不是为了被放射出去。它会让我了解自己在本质层面的样子。但是要进入能感受到这种活跃能量的虚空状态是很难的。因为即使是对**存有**的渴望——它以一种想要去**了解**的渴望在我的内在出现，在升起时是很纯净的——也会遭到它所采取的表现形式的背叛。我能够完全地信任这种虚空里的东西吗？或者说在这样一种身处其中就无法再辨识出自我的能量面前，我要不要保留评判、算计，以及做一个冷静观察者的权利呢？我要如何去觉知这种精微的能量呢？如何在每一步去觉察所遇到的陷阱，避免让这股能量因顺从某种意图，或被赋予某种已知的意义而受到局限呢？

我坐在这里。我是谁？我想要回答。而我却看到自己无法回答，我内在没有任何部分可以作出回答。我只能聆听，这样才能更好地听到。静默出现了……静默，宁静。随着我感觉到它，好像整个我都希望进入这种静默，以便让它稳固下来。并非是我强迫静默发生的。它就在这里。静默就在我的内在，它就是我。这就好像是有一道门打开了，让我可以感受到一种被日常噪音所屏蔽的振动。我所了解的自己不再是"我"。我感受到一些东西，我都没意识到自己是被它呼唤而来的。我在内在发现了另一个空间，它需要我以一种新的方式来存在。

80.我真实的本相

了解自己意味着了解自己真实的本性。我通过询问自己是谁来了解自己真实的本性。在我的面前有一个奥秘。我自己更为本真的那个部分在呼唤我去认可它。这就好像我要在自己面前重生一样。我希望能够看到自己真实的本相。这取决于我，取决于我对此的渴望有多真切。我需要将自己置于一种觉察之下，它会呼唤我去活出自己的本相。我寻常的感知都无法让我获得这样的体验。我需要超越它们才能获得一种我无法预料的感知力。此时不能有语言，语言会禁锢我；不能有记忆，记忆会禁锢我；也不能有预设的期待，预设的期待也会禁锢我。我意识到这一切都是毫无用处的，我放开了它们。只有一种东西会让我更加接近自己的本相——一种超越一切的对真实的渴望。

我认可"我不了解自己的本相"这样一个想法。但这只是一个想法、一个理念，我并不理解它意味着什么。在寻常的意识状态下，我所能感知到的东西受限于控制感知的那些机能。我用我的思想、感受和感觉去感知，并想通过它们来变得有意识。但这些机能是在一个非常普通和自动化的层面上运作的。它们是我内在低等中心的机能。我想要了解的东西属于更高等、更纯粹的层面，它所具有的品质是这些机能所无法感知的。我希望了解自己在真实的本性中、在真正的本质中是什么样子，因为在那当中蕴含了我所有的可能性。我希望回到存在的本源，回到唯一实相的本源，回到"自我"的本源。自我也是绝对者的一部分。我不可能存在于绝对者之外，也不可能存在于绝对者的本我之外。但我却认为自己是处于绝对者之外的，并且宣称绝对者是在我之外的。我将真正的自我与身体及其机能相混淆。而真正的自我就像是空间一样——独立、纯净、无限。

我对安静与平和状态的需求越来越强烈。而这种状态是种完全主动的状态。我主动地觉知到这种平和，在这种状态下我所有的中心都是平衡的。这就是我对它的体验。于是我理解了葛吉夫在《别西卜讲给孙子的故事》一书中所写的一些话。他写道："在开始静坐之前，阿希塔·希麦施会（用一切方法）将自己带入'所有的脑都平衡的生灵所具有的感知'状态中。"我感知到一种**生命**的状态,感知到一种无与伦比的振动状态,这种振动来自我的本体。从这个源头,从这种充满活力的物质中,产生了另一种振动波——我的念头、我的欲望……但这就像是大海和起伏的波浪。它们是一体的和相同的。而更为重要的则是驱动它们的生命,这是一种永恒的生命。

81. 我是谁?

我是谁?这个问题在我的内在回响着。这是一种召唤,它来自于上天,来自于比我内在活动的力量更加高等的力量。我听不清楚这种召唤,因而渴望去聆听它、听到它,但不只是用我此刻多少能发挥点作用的那些机能……我的思维、我寻常的感觉。我渴望能够用自己所有的部分来聆听它。我**渴望**,我**有意志**,因为只是我的渴望、我的意志就可以让我听到那种召唤。这对我来说是件严肃的事。我渴望敞开自己来为一种生命、一种力量的临在创造出空间,认可它并且臣服于它。我必须去找到被这种生命赋予生气的感受,直到我对这股在我整个存在中振动的力量所具有的觉知比我对自己的身体、对身体这个形体的感觉还要强烈。

通常我会把对"我"的感觉局限在我的身体上。这里有个内在和外在以及主观和客观的问题。我将自己的身体和周遭的事物分开看待。但我看不到身体里的这股力量,看不到是这股力量创造了我的身体以及周遭的事物。其实我同时既是这股力量,也是这个形体,还是这个意识。意识把整体统合为一个单一的本体,即"我是本体"的这种意识。这是唯一的本体,永恒的本体。觉察者并非在意识之外,他不会觉察自己。他就是本体。成为本体就是觉知到"我是本体"。

我把自己奉献给这个实现过程。除了这种奉献所需的敞开,其他的一切都不重要。我将自己奉献给它——当下,以及任何时候,"我是本体"。我没有一刻不是这样的。但我必须臣服于这个实相,无论它出现或是消失，都总是准备好向它敞开。这会让我为渗透到我真实的本性中做好准备。我必须无条件地臣服于我意识到的这种伟大实相。出于我的欲望而想要真"我"、想要本我显现出来是没有用的。这意味着我带着一种自大的感觉在命令我的本我。其实，应该是我服从他的意志。我必须信赖他，这不是盲目的信仰，而是一种有意识的信赖。我想要成为本体的唯一原因就是要觉知到本我。

我是谁？这个问题在我的临在中回响，就好像有一股来自核心源头的超凡力量要让我感受到它的存在。就好像有一种隐性的能量流被创造了出来，它可以让我体验到一种全新的生活。我觉得我需要觉知到这股力量，需要把自己调至与这个源头同频的状态，以便能够跟这股力量相连接并臣服于它。这种对意识的渴望就像是一种对净化的持续需求，它作为一个有吸引力的核心，将我所有的注意力都汇集至此。在我所有的部分里，我的注意力都被激活并专注在这种核心性的振动上。当我的念头和感受都与之同频，一种对自己的全新了解就会展现出来，我会对"我是谁"这个问题有不同的感受。在了解的体验中，发生的是一种直接的活动，就像一股电流。了解就是一种对素质的体验，因为在这一刻我了解了我素质的状态。

82. 我真实的本性就是意识

我的内在有一种因为受到局限而产生的痛苦。我不接受在形式层面被时间或变化、被空间或多重性所局限。有一种唯一的独特能量，变化在它里面发生，而它本身却是一成不变的。它会具有不同的形式，但会再度整合成它本质的样子——成为无限的、一体的。我有种无法抗拒的渴望，要成为自己，不被任何压制我或让我依赖的东西所束缚。我渴望那种毫无保留地全然做自己时所带来的喜悦。这种喜悦无法从我的外在获得，无论是外人还是外物。喜悦的唯一来源就是存有的状态，在这种状态中没有任何对利益或回报的期待，只是将事物的本相呈现出来。我爱事物的本相。

我让自己停留在此，试图去觉察我的障碍——我的紧张、我的念头——以便让这些障碍在这种觉察中自行消失。我不会去评判它们或是想要以更好的东西取而代之。我对他们所掩盖的一些东西变得敏感起来，我被这些东西所吸引，就像被磁铁吸引一样。我似乎能够穿越这些障碍。我会对自己有另一种印象，这是一种对活跃物质的印象，是一种对生命力的印象，身体密度在这种生命力中会消失。然后，我会来到第二道门槛前，在这里我会感觉到自己不再是紧凑的一团，而是不计其数的有生命的微粒，不断地在活动、在振动。我感觉自己参与到一个本体中，它的力量给与了我生命，我随后把这股力量辐射到我的周围。这就像是一种我参与其中的宇宙呼吸过程。

我绝对不应忘记是什么将生命赋予了形体。形体无法单独存在。那"在"形体中的、显化成形体的东西，才是我内在质询的核心动力。我因此寻求回归本源。这个"我"越是寻求了解自己，就会越多地参与到意识中、越少地参与到它所融入的身体里。所有的思维都源自"我"这个念头。但"我"这个念头又是从哪里来的呢？当我们向内看并回归本源时，"我"这个念头就消失了。当它消失时，"我在"的感受就会自行出现。于是，我们就获得了意识，找到了我们真实的本性。当我们了解了我们的真"我"时，有些东西就会从素质的深处浮现出来并接管一切。它位于头部的后方。它是无限的、神圣的和永恒的。我们称之为灵魂。

死亡是不存在的。生命不可能死亡。这个外壳用完了，形体就会分解。死亡是一个终结——是一切已知的终结。它很可怕是因为我们紧抓着已知。但生命是**在**的，它一直在这里，尽管它对于我们是未知的。我们只有在了解死亡之后才能了解生命。我们只有让已知的自己死去才能进入未知。我们需要主动地死去。我们必须把自己从已知中解脱出来。一旦解脱，我们就可以进入未知，进入虚空，进入完全的宁静，在那里没有衰败——只有在这种状态中我们才能够了解生命是什么以及爱是什么。

哪一个更真实,是我意识到的东西,还是意识本身?在我素质的深处,我已经是我所寻求的东西了。这就是我整个探寻的原动力。当意识出现时,我觉知到意识就是我。我和周遭一切都是同一个意识。我真实的本性就是意识。

对自我的探寻变成了对本我的探求,越来越深入。造物主以真"我"、本我的形式出现。当一个人去追随祂时,祂显化还是不显化都无关紧要。没有一个需要了解的对象。本我一直就是本我,**了解**本我就是成为本我。当真实的本性被了解之后时,就只有本体存在,没有起始,也没有终结——这就是不朽的意识。

第八篇 获得一种新的素质

第一章　我的素质就是我真实的样子

83.素质会改变吗？

　　普通的生活受制于与机械性力量相关的一系列的法则。发展素质的途径是与日常生活相反的。它基于其他的规律，受制于其他的法则。这就是它的力量和价值背后的奥秘。没有一个修行方法的帮助，没有来自另一种秩序的影响力的帮助，就不可能改变素质。
　　第四道是一条基于理解的途径。引领一个人来到第四道团体的磁性中心与引领人去寺院、瑜伽学校或道场的磁性中心有所不同。第四道需要一种不同的发心。它需要开放的头脑和洞察力，也就是说，能够在内在将机械的部分同有意识的部分分辨开来。它需要另一种智慧的觉醒。在这条路上的收获并非来自于服从，所获得的领悟与清醒的程度、理解的程度是成正比的。
　　第四道的教学从"不同层面的素质"这个理念开始。但什么是素质？素质的层次由特定时刻进入我们临在的东西来决定，也就是说，取决于参与进来的能量中心的数量，以及它们之间是否有有意识的连接。素质的层次决定了我们生活中的一切，包括我们的理解力。现在，我的素质不是统一的。它是散乱的，因此不是有意识的。素质会改变吗？我的素质能够变得与现在不同吗？由此，对于进化、工作的想法就产生了。接下来的第一步就是要意识到我通过一定的努力，能够片刻地活出更为完整的**临在**。随后我将会看到：即使素质层次发生最细微的变化，都会给我的了解和行动带来新的可能性。

我的素质就是我真实的样子。我没有如实地了解自己，因而也就无法了解自己的素质。我甚至都不认为我需要这种了解。除非我能够在自己现在所处的层次上做出所有力所能及的努力，否则我就无法接收更多，无法理解更多。同时我也必须意识到，理解只能一点一点地获得。片刻的理解会带来某种知识，但这不足以转化我的素质。尽管如此，这还是会让我了解在现有的素质状态下，我无法再接收更多，只能先考虑下一步要做什么。例如，如果我觉察到自己是散乱的，不够专注，我就可以进行这一步的工作。只有当我能够真正地理解了这一步，达到了一种专注的状态后，我才能够看到下一步所要做的：去整体地感受我的临在。

素质的改变要通过转化来实现。葛吉夫是这样比喻的：这就像混合的金属粉末经过熔合转化成一种化合物一样。这需要一种特殊的火焰，这是一种"摩擦"产生的热度，它来自于在是与否之间进行的内在挣扎。产生的化合物相当于第二个身体，这样就形成了一个统一的"我"，它完整而不可分割。这个"个体"可以抵抗外界的影响，过它自己的生活。通过一定的工作，这种化合物会产生进一步的变化。

第四道需要被活出来，被体验到，而不只是被思考和信仰。葛吉夫带来的理论包含了来自更高层面的知识，要理解这些知识就必须把它们活出来。但这些知识是加密的。这意味着任何一个谈论工作，或尝试传递这些知识的人可能都不知道自己在讲什么。除非我们能够活出这些知识并破译密码，否则这些知识将一直会是扭曲的，并被用于其他目的，从而产生与它们原本的意义相悖的结果。

想要活出教导的内容，我们就需要尊重传承下来的形式，但如果对它们深刻地理解之后我们觉得有必要进行改动，也不用畏首畏尾。我们还需要对传统的修行体系保持正确的态度。我们不能允许因错误的自大而对其他体系采取封闭的态度。其实，我们可以在其中找到很多相同的原理和工作方法。但只有在理解了本体系传承下来的方法之后，这种对比才是有益的。我们要小心防止我们的头脑在直觉带给我们领悟之前就作出评判，这种直觉才是体验的核心。研究另一个体系的一般理论是一回事，但去遵循它的教导就是另一回事了，尤其是去实践它的方法。如果我们真正地进入第四道，体验会将能量带入特定的渠道并且基于我们理解的程度而产生不同的效果。在这样的情况下，接触另一个体系是件很严重的事，尤其是投入一种会给头脑带来冲击的练习或训练。如果产生的结果不是来自于理解，它可能会形成一种态度，甚至是一种结晶，让我们无法再继续深入。

84.必须要提升强度

宇宙中的一切都以能量的形式无休止地活动着，不是退化就是进化。葛吉夫讲过，古代的科学知晓这种宇宙进程背后的法则，并在宇宙秩序中给人类指出了适当的位置。

在我们的生命中，我们从未彻底完成过我们想要做的事情。我们所有的活动和行为都受制于八度音阶的法则。它们朝着一个方向开始，但无法穿越八度音阶中的断层。我们来到mi之后随即就会回到do。要想继续前进，就必须有一股来自内在和外在的额外力量。现在，我们被工作触及的部分主要是头脑、思想。身体和心都是漠然的，只要它们是自以为是的就不会去听从任何对它们的要求。它们是活在当下的，有着短暂的记忆。渴望必须来自于心，行动的力量，即"能力"必须来自于身体。这些分裂的部分都有着各自不同的注意力，其强度和持久性取决于它们所接收到的资源。接收到更多资源的部分就会有更多的注意力。

我们认为我们的工作不需要强度，但这样不会带来真正的改变。为了与高等中心连接，低等中心的能量强度必须要提升。这些有着各自不同振动频率的中心必须达到同样的频率。我们只能像是在一个八度音阶中一样，从一个层次提升到另一个层次，学习觉察不同能量之间的差异，并且意识到它们只有通过提升强度才能连接起来。我们必须在内在以及我们周围创造出一股能抵御周遭影响的更为活跃的能量，并且在两种不同层次的能量流之间找到一个稳定的位置。

即使没有有意识的努力，身体也会生产出一种很精微的能量或物质，这是转化食物得出的最终产物，葛吉夫称之为si12。这种物质被性中心所使用，当它与来自一个异性的类似物质相结合时，就会以一个新的有机体的形式独立发展。但它也可以参与身体里一个新的八度音阶。当所有的细胞都被这种物质所渗透，就会有结晶产生，形成第二个身体。葛吉夫把一条精明之人、机敏之人的道路，即加速发展的道路称为"海达瑜伽"（Haida Yoga，"Haida"这个词在俄文里是"非常快"的意思——译者注），这里面就包括了把转化的si12能量用于发展高等身体。葛吉夫从来没有谈起过这项细致的工作，更不曾对此给出详细的指点，但我们还是可以找到线索的。例如，我们内在的摩擦会产生真"我"所必需的物质，这与外在的阳性和阴性力量之间的行为是一致的。si12的力量在性体验中是很明显的，这对大多数人来说是不经有意识努力而向统一状态敞开的唯一体验。所有机能的节奏都顺从于这个体验，当一个人体会到常"我"的缺失时会有种短暂的喜悦。我们经常寻求在这种强烈的激情中忘记自我，在这种合一的状态中，我们可以完全地失去自我。但常"我"紧接着就会重新拿回它的权力，我们又会回到寻常思维和感受的狭窄领域中。如果没有对在运作的力量的理解，这些体验对于探寻意识来说就没有任何意义。

85.八度音阶的等级

在葛吉夫的教学中，工作要历经不同等级的八度音阶，不同等级的强度。他是这样描述这一过程的：

　　首先，会有来自高等八度音阶的一个音符、一种振动，音调为do。这就像是开始觉察到一种前所未有的品质，一种来自更高源头的想法。然后，由于能量之间的连接，一种更大的能量强度开始出现，这是一种高等八度音阶所给予的振动。我们会具有来自更深层面的感受和感觉，从而来到re的层次。一种新的觉察的出现会带来了新的领悟，以及一种信心。在这里，有一种光，但它仍然是不够的。它有力量照亮周遭的东西，但我们会觉得不应把它放射出去。注意力必须保持自由。觉察者比觉察对象更为关键。我们对来自更高源头的想法所具有的感知强度已经无法再提升了。这时我们就到达了音符mi的阶段。

　　另一个等级似乎出现了，我感觉到另一个可能达到的层次。但它看起来无法用与之前相同的方式达到，必须要有新的帮助介入。一个人会感受到如果要到达这个新的等级，之前出现的想法所具有的活力必须提升。这并非只是取决于这种想法本身。它需要一种能够让它持续的支持，需要一种能够滋养它的力量。这是一个重要的时刻。只有思维是不够的。第二个中心必须发挥作用。整个身体必须主动地参与进来。它必须允许这股力量通过它来强化、来显化。身体需要感受到这股力量的品质，并且为了接受它的影响而不再听命于自身的自动反应系统。身体有意识地臣服以便让这股来自另一个层面的力量进行有意识的显化。这是具有决定性意义的。这是在两个八度音阶之间的斗争——一个必须掌权，而另一个必须接受。如果结果是内在的感觉占了上风，这个断层就被穿越了——这个八度音阶就得救了。这样音符fa就奏响了。

　　这种感觉必须是确定的，fa需要稳固下来。它必须作为一种完整的感觉——稳定，与相伴的新思想和新感受在一起——存在于我的临在中，这样才能到达sol的等级。然后，发生在最初想法上的情况会再度重演。但这一次，不再有外来的力量。而是要由我自己的力量来让它发生。只有思维和身体就不够了，一种全新的感受必须出现，这是一种对存有的情感。我感受到自己臣服于一股超越我的力量、一种超越我的意志，并觉察到内在的转化过程在对**存有**的渴望之火中变得强烈起来。专注度达到了顶峰。在这三种力量的结合中出现了一种独立的对自我的感觉、对自我的意识，它有着独立的生命——这是一个新的八度音阶。

这些八度音阶是层叠的，绝不能混杂在一切。如果一个八度音阶与低等音符的振动混杂在一起，它就必然会下降。

86.第一个和第二个有意识的冲击

在朝向有意识状态的上升八度音阶中，记得自己是穿越mi和fa之间断层所必需的冲击——这是第一个有意识的冲击。它所带来的力量只能是来自渴望、来自意志。我们必须让意志力逐级、逐步地成长。

我们生活于其中的能量流将我们保持在地球的层面，在这里能量通过反应被不断消耗。这是因为我们的各个中心是没有连接的。没有这种连接，我们只会不断作出反应，能量也得不到转化。转化只有通过与高等能量的连接才能发生。但是在我们现在的状态中，我们思维和身体的能量层次让我们无法接受这种高等能量的影响。它对我们来说就好像不存在一样。

是我的"常"我不允许这种连接发生。我头脑的特性就是要保持它的权威，并防止自动化的活动停止。我的身体也没有受到足够的触动。为了让头脑的自动化活动停止，必须得受苦，这样第三种力量才会出现。这时注意力就会变得主动——我不希望被控制，我希望保持自由。在这个时候，我会感受到自己必须拥有实现**存有**所需的自由。我体验到一种想要获得自由的意志。这种注意力中所蕴含的意志会让我的身体向更为精微的能量敞开。一切都取决于这种敞开。我需要用同样的注意力同时去感受头脑和身体里的能量。我的注意力需要持续而不能减弱。

所有的中心都参与进来。如果有一个中心到达fa，它就会把其他的中心也引向fa。在提升振动强度时所有的中心都必须来到断层前。各个中心之间的连接就是穿越断层所必需的冲击,没有它穿越就永远不可能实现。在我们对这种连接下工夫的时候,一种力量出现了,我们于是会感受到一种振动,它为我们打开了通往另一个层面的大门。

在这个八度音阶中继续前进时,与第二个有意识的冲击相关的问题要等到我有意识地临在足够长的时间以后才会出现。在这种临在的努力中,我的心也活跃起来并被转化。它会自我净化,我的情绪变得积极起来。但这无法持续,我的情绪会低落下来,再度回到平常的状态。这显示出我内在的观察者、看守者没有意志力。si和do之间的断层很难穿越。

我寻求去觉察自己的本相,但我却感受不到它。它并没有触动我。我感受到自己的无能为力:我没有觉知自己所需的特别感受和相关资源。在这种矛盾中,一种感受产生了,它与我惯有的情绪不同。与自我有关的问题具有了新的紧迫性。我必须在此,好让我的机能服从我,为此我需要意志力。我感受到自己缺乏意志力,但我却能够召唤它。我必须**有意志**,因为**我在**。第二个冲击——一种情感的冲击——会改变一个人整个的性格。

当我们能够记得自己,向自己敞开,并坚持足够长的时间时,我们会遇到新的考验:在面对他人与我们的互动时,主观的"我"会介入进来。这时,头脑接收到印象,我会作出反应。这种反应会让"我"的想法爆发出来。我会认同于思维投射出的形式。因此,如果我想继续前进,就需要通过觉察到小我自私的反应,以及它因为怕被否定而进行的自我防卫来让自己受到冲击、受到震撼。为了从这种恐惧中解脱出来,我需要去体验它,全然地承受它所导致的一切后果。

在第二个有意识的冲击下,意识有可能敞开,我们有可能觉察到实相。这是一种带着情感的对真相的了解。这时,我意识到我的情感状态不再是以往的样子。没有封闭,没有否定。我不去拒绝。我不去接受。带着这种不去作出选择的警醒,一种新的感受出现了,同时出现的还有一种新的理解,它不是以二元对立为基础产生的。这种情感会拥抱一切,它是一种对统一状态、对存有的情感。我被转化了,在这种全新的状态中我感受到一种全新秩序的出现。

第二章　内聚的状态

87.重复，重复

第一个有意识的冲击——觉知自己——是为了达到一种内聚的状态，这种状态会让我们向自己的素质敞开。当我的能量得到控制时，它就不再会被任何外界的力量所吞噬，它所服务的目标也会不同。因为它已经具有了另一种品质，可以服务于不同的目标，与不同的能量结合。

我们绝对有必要去改变自己内在的状态。它现在的样子无法让我们保持自由。我们的内在不统一，所以能量会被消耗。随着我们对这一点的了解，我们会试着去保持一种有着更紧密的连接、更为内聚的状态。但我们仍旧没有被转化，我们很容易失去这种状态。是什么让我们失去了它呢？

我的头脑和身体的连接不够紧密。小我一直在这里。我没有被一股强烈到可以完全转化我的能量所驱动。现在，这是不可能的。我需要经过不同的阶段，在这个过程中头脑和身体的连接越来越稳固，直到我觉得它们不再是分开的，而是一个整体的临在。为此，我需要在内在保持着一种在任何情况下都不会失去的能量强度。

当我看到自己涣散，不够内聚的状态时，我不会去尝试改变自己。这是一种强迫。我持续地面对这种涣散。然后就会有一种自发的放松产生。我觉知到**存有**意味着什么。它的秘密就在于——觉察和受苦。实相与"我自己"、我的常"我"同时存在。常"我"在寻求一种可以让自身保持延续性的态度。它有时候会害怕，但它很狡猾，无法被真正撼动。只要我对此没有觉察，没有因此受苦，任何新的东西都不可能出现。这一点是我必须接受的。

内聚的状态是一种注意力内聚的状态，在这种状态里注意力会尽可能地达到全然的状态。这种状态并非产生于要通过内聚来获得好处这样的想法。它产生于觉察——通过觉察到我的涣散、我的不足。为了更好地觉察，我让自己内聚。被占据的注意力会被解放出来，投入到一种更为主动、更加符合我意愿的活动中。在这种活动中它可以更好地回应我内在最深的渴望，那是一种对活出自己本相的渴望。于是一种双重的活动发生了：一种带着觉醒、敏锐、觉察的活动和一种需要更加深入地放开、接受的活动。这两种活动是互补的。由于这些活动必须在当下被感知到，而且一切一直都是不确定的，所以我需要保持一种更为精微、警醒和敏锐的注意力。这样，在某个时刻就会有一种融合发生。一种很深的宁静出现了，就像是一种静默。

为了让我达到一种内聚的状态，感觉、思维和感受都需要转向内在，尝试找到一种共同的节奏，一种让彼此之间不容易分裂和失去连接的一致性。没有这种至关重要的一致性，我什么也做不了，有意识的注意力也不会出现。这种一致性越高，行动就会越正确。这样我会觉察到自己，觉察到所要作出的回应，这种觉察会顾及整体。

我们必须接受的是：只要我们的专注力是有限的，涣散的状态就在所难免。我们需要一再地回到一种内聚的状态。只有重复去做才会缩短所需的准备时间，并增加可以用来练习的时间。

这是一个为回到内聚状态所设计的练习；开始时我用全部的注意力假装自己被一个大概1码（等于0.9米——译者注）厚的气场所包围着。这个气场会因我们的思维活动而移动。我集中所有的注意力来防止这个气场跑出它的疆界。然后，我有意识地把它拉回来，就好像在向内吸它一样。我在全身感受到"我"的回响，然后默念"在"。我体验到对素质的完整感觉。

88.我的念头不再游荡

我需要不断地回到和深化葛吉夫所说的"内聚状态"，让它成为我不可或缺的状态。在这种状态里，我的各个能量中心会尝试达到协调一致的状态，以便来了解我的素质，这种素质就是我的本相。当所有的中心都参与到同样的质询中来，它们就会觉醒并接近彼此。当它们真正统一起来时，我就会**存有**，并有意识地去**做**事。但这只有在它们统一时才会发生。

当我处于常态时，会被一种最终会触及我自恋情结的联想所占据，比如，与虚荣或妒忌有关的联想。这是我无意识的思维。当我处于内聚状态时，就会有另一种品质的思维。内聚的状态取决于我的念头是否能够不再四处游荡。在联想中我的念头是四处游荡的，但是当我处于内聚状态时，它就待在我的内在。我的感受也不会发散出去。我被"我在"的感受所占据。当我处于内聚状态时，我的思维是有意识的。但这只有在我处于内聚状态时才会发生。

我想要学习进入更为内聚的状态，但却做不到，因为我的念头、我的感觉和我的感受在采取行动时缺乏一致性。我对自己的身体是有感觉的，但我的心是漠然的。我思考着素质，但我的身体却被其他东西所占据。我实际上就是我的身体、头脑和心。尽管我知道这些，我还是无法同时体验到它们。它们没有在同时一起具有同样的能量强度，甚至都没有望向同一个方向。我感觉自己是分裂的、不确定的。

觉察到我的状态会让某种紧张得到释放。我会更加深入内在。我的注意力更具渗透性并可以进入更深的内在。我放开，不是为了放松，而是因为我越放开，内聚的活动、统一的活动就越强烈。我放开是为了在内在感受到从容。我专注于念头出现和消失的那个点，并穿越它。我的努力不是为了压抑念头。我看到它们就是影子、幻象。我允许它们飘浮。念头中没有实质的东西。实质的东西在源头中。

头脑有一个中心，而这个中心以外的部分只会给它带来局限。当它能够从这个中心去觉察自身的活动时，它就能真正地静默下来、宁静下来。没有这种宁静，头脑永远无法了解它自身的高等活动。这种活动是宏大的、难以衡量的。我们的头脑是我们探寻的工具，但它不能被现成的答案所影响。头脑能否进入一种不知的状态呢？它能否真正地处于不知的状态呢？它能否真实地存在，只是作为一个事实存在，而不去作出肯定呢？如果头脑能够保持面对自身的这种状态，接受它的真实性，并且感受到自己的无知，它就可以真正地处于一种最高形式的思维状态。这时，头脑会是敏捷、深刻、清明和不受局限的，并且能够接收到新的东西。

我在这里，很平静，不了解自己是什么，也不会努力去了解。我觉察到了解是无法通过抓取来获得的。我的头脑已经安静下来，没有活动，与平静的感觉相连接，与这种对素质状态的感受相连接。这里的宁静不是空无。在这种内聚的状态中，一种实相开始在我内在运作。不是我在认识、在了解这个实相，而是它让自己被了解。我只是让它发挥作用。我感受到自己需要放开，我自然地放松下来。我所有的中心都变得更加敏锐、敏捷，更有洞察力。还有一些我内在的层面是我从未渗透进去过的。觉察到这一点会给我带来自由。

89.我感受，我感觉，我观察

我们的工作是为了更好地理解这种可以让我们参与一种新秩序的内聚状态。我的每一个部分都为保持我的统一状态作出了自己贡献，缺少任何一部分我都不可能进行真正的了解和有意识的行动。

为了体验到这种内聚的状态，我试图去了解自己在这个身体里的存在，了解自己在这个身体里的本相。我向由神经带到大脑的一种感觉、一种印象敞开自己。通常当这种敞开发生时，它会立即引发与过去经验相关的暗示或联想，触动记忆中所有相关的内容。它们会与印象混杂在一起，让它模糊不清，使我无法了解真相。我们所有的感觉都因此而扭曲了。所以，我发现，我对内在真相的感觉取决于我是否能够不被暗示和联想所侵入，并将自己从它们的控制中解放出来。为此，它们的活动必须减弱、减缓。这在很大程度上取决于我肌肉的状态和我的呼吸。最重要的是，我的头脑和身体必须有一种真正的连接。

首先，我需要找到一个姿势，让身体中没有会干扰纯净感觉的压力或紧张存在。我尝试找到一个正确的姿势。一切都是安静的、放松的，但又是充满生气的。关节、肌肉甚至皮肤都需要放松下来。我把很多的注意力放在皮肤上。对身体的感觉变化了。我在这里，我是安静的，带着对实相的感觉。为了让这种感觉真实起来，我需要做到更多。我的心感受到我的存在，我的身体也感觉到我的存在。心的觉醒会立即呼唤头脑的参与。**我感受……我感觉……我观察**。我觉察到在这样的状态中，注意力必须紧密地跟随着各个中心之间的这种连接，否则它会立刻消失。我们太容易失去这种连接了。在这里，我们需要有一种意志，它不是来自我某个中心的一种自我肯定、自我强化——它只是一种想要**存有**的意志。**我感受……我感觉……我观察**。如果我足够清醒，能量完全内聚，我就会接收到一种对活生生的临在的印象。我通过自己对这个临在的感觉来知道它的存在。但对于它的特性、它的品质，则需要我通过感受来了解。这种品质只能通过感受被展现出来。除了感觉和感受，这里还有一束照亮整体的思想之光，于是，我觉知到"我在"这个事实。

但是我被这个印象所扰乱。我无法保持内聚的状态。我的注意力不断起伏。有时感觉占据了我，有时是感受，还有时是思维。它们在这种活跃的状态中出离了在我素质层面形成的统一韵律、统一节奏。为了再度找回这种统一性，我需要让不稳定的东西平静下来，于是我自然而然地、深入地放开了。我了解了放松的真正意义。我放开，我放弃，只为了达到内聚的状态。当我放松得足够深入并且更加内聚的时候，我觉察到身体的状态对我的注意力有着巨大的影响。

调整全身的"肌张力"——思维、感觉和感受的总体紧张程度——会改变对内在空间的感觉，这个空间就是能量活动发生的地方。一旦它具有了一定的稳定性，就能够捕获消耗在自动化机能上的能量，并让头脑获得一种持续的支持。通过影响念头升起的节奏，就可以对联想进行管控，这样我就有可能觉知到念头的流动而不去干涉和指责。这样就可以产生一种具有统一性的思绪流。

90.我要如何聆听？

我们尝试去了解一种可以让我们觉知到生命真相的安静状态。在这样的状态里不用去体验什么、不用去渴望什么，也不用去信仰或恐惧什么。为此，我需要以正确的姿势坐好，坐得不要太高也不要太低，感受到这个安静的内在空间是我的，它就在这个位置、这个身体里。我安静地面对安静状态本身。

我思量自己，去观察自己的状态，看看在这样的状态我能做些什么。同时我也在觉察自己不同的部分。我觉察到它们各自为政。身体是被动、沉重和困乏的。我感觉到它的重量。头脑是躁动不安的，它在不停地幻想着，给出各种想法和形象。我感觉到它的紧张。我甚至能感觉到我头部的哪个位置有紧张。我的心是漠然的。但我在以这样的方式去观察时，我对一些东西产生了疑问——我的自我、我的本相。我发现自己无法回答。在我现在的状态下，我无法了解。我不是自由的。我有疑问，所以我去聆听。但我要如何聆听呢？

　　为了更好地觉察，我的头脑停息了一会儿，释放出来的注意力回转到我的身体上。在这样的观察下我的身体苏醒了，变得敏感起来，非常敏感。身体与这种头脑之间建立了一种连接。如果头脑能够保持着这种完整的觉察，身体能够保持着它的敏感度，我的另一部分就会被唤醒，我会开始感受到它的缺失。身体与头脑的能量强度唤醒了心。我被触动了，并且感受到内在生成一股能量流，它就像是一个闭合的循环。我感受到自己在这里，我的临在带着一种充满整个身体的能量。正是我对这种存在、这种临在的感受维系着这种觉知。虽然这种感受是脆弱的、不稳定的，但我对它的深切需求在支持着我。我了解了能够让我内在一切都被触动的敏感度意味着什么。但这远远不够。我感受不到。我没有被足够深刻地触动。

　　当我的思想、我的感觉和我的感受都以同样的能量强度向同一个方向做出努力时，就会产生一种意识状态的变化，这种变化会给我带来转化。这种状态不容易从外面被破坏，但只要我内在的弱点、被动性一闪现，它就会遭到破坏。我需要上千次地体验到达到这种状态的可能性以及它的脆弱性，这样一种新的渴望、一种新的意志才会出现。我必须了解自己的渴望，了解自己最深切的渴望。我必须了解来自我素质层面的需求。

第三章　来自另一个层面

91. 一种更加强烈的能量出现了

来自高等中心的能量一直在这里，我或多或少地向它敞开自己。我的身体和机能也都在这里，不断地消耗着这种能量。这是两个不同的世界，两种不同的生活层面，但在这二者之间什么都没有。在一个层面上，头脑说"是"，而身体说"不"。而这两股对立的力量无法带来一种没有冲突的有意识状态。第三个要素是必需的，它可以让说"是"的部分和说"不"的部分形成一个整体、一个统一体，从而超越每个部分的个别存在。

有一种临在的活动，一个过程，是我需要加以重视的。我觉察到当头脑的注意力转向身体时，身体也会变得专注起来。我的思维活动会有所改变，身体活动也会产生变化。同时，会有一种兴趣、一种感受在我内在醒过来。但我觉察到它很脆弱，每个部分都有一种分裂的倾向，要回归各自的习惯性活动。我在内在感受到"是"与"否"的力量。这种二元对立一直存在，但我无法理解它，这是由于我没有保持面对，并接受这种分裂的状态。尽管某种连接的活动、统一的活动发生了，但我还是无法抗拒我的自动化活动。我的注意力是被动的，并且受到控制。我在受苦，但如果这种受苦无法服务于任何目标，它就无法帮到我。

为了让我的思维和感觉之间产生连接，身体需要被一种来自另一个层次的思维所触动，产生这种思维的那部分头脑可以带来了一种更为精微、更为纯净的能量。身体可以感觉到这种能量的活动。它了解到自己无法在被动的状态中接收到这股能量，因而感受到一种敞开的必要，一种释放所有紧张的必要。一旦思维和身体互相转向彼此，振动的速度就会改变。身体会让自己自由起来，以便让思维的能量通过。思维和身体必须有着同样的力量，这是最为重要的。我观察……我保持面对。为了让这种能量通过，我保持着非常平静的状态。如果我的觉察能够保持清晰，如果思维与身体的力量是相同的，一种交流就会在这种觉察下发生。一种更为强烈的、具有非凡振动速度的能量会在我的内在出现并稳定下来。它具有一种全新的品质、全新的强度。我需要尊重这种活动，需要臣服于它。我的身体向它敞开，我的思维也敞开了——它们有着同样的力量、同样尊重的态度。

思维与身体的连接需要一种强大到可以带来能量转化的注意力。当来自略高于头顶位置的力量出现时，我需要将自己交托给它。这就是最难的地方。我不愿交出自己。我需要觉察到自己的抗拒和因此带来的痛苦，觉察到是小我在抗拒，觉察到小我需要放弃它的地位。这就是所谓的让自我死去。这样我会得到一份礼物：一种全然的连接产生了，它能够让这股头顶上方的力量发挥作用。

92.分开注意力的练习

我们可以说我们的态度、我们内在和外在的姿态既是我们的目标也是我们的道途。我从考察自己身体的姿态开始。我觉察到在习惯性的姿势中，身体的姿态禁锢了我的注意力——我不是自由的。我调整我的姿势。我让我的身体释放它的紧张，进入一种没有紧张的全新姿态——我的背很直，手臂和头部完全没有一丝紧张。呼吸于是变得更加有力。它是自由的。而我感受到好像呼吸的行为尽管重要，但只有它却是不够的。我感觉到自己需要更深入地敞开。

当我将思维的注意力扭转并与身体接触时，我的头脑就敞开了。这时在振动的细胞与参与我寻常思维的细胞截然不同。这部分的头脑中可以与更为精微和纯净的能量相连接。这是更高层次的能量，葛吉夫认为这个层面的能量是由某些生灵所作的真正思考和祈祷所形成的。为了与这个层次相连接，我需要一个导体，它就像是一根电线，能够到达我的思维所及的高度。这样我就可以摄入或者说吸入这种能量，并让它流经这个导体，进入我的内在。

葛吉夫给予我们这样一个练习：我将注意力分作两个相等的部分。一半用于感觉我的呼吸过程。我感受到当我吸气时，大部分空气流经我的肺部后回到了体外，只有一小部分保持在我体内并留了下来。我感受到它渗入了我的内在，好像散布到了整个的机体中。由于只有部分的注意力被观察呼吸所占据，那部分自由的注意力就可以继续注意我的各种联想。

随后我将另外一部分注意力转向我的大脑，尝试清晰地观察大脑活动的全部过程。我开始感受到一些精微得几乎感知不到的东西将它自身从联想中解放了出来。我不知道这些"东西"是什么，但我觉察到了它的出现——它小而轻，非常脆弱，我只有通过练习才能感觉到它。我的前一半注意力仍旧专注在呼吸上，我可以同时感受到这两部分的注意力。

现在，我让第二部分的注意力来协助我头脑中这些精微的"东西"向着太阳神经丛流动，乃至飞速运动。头脑中发生什么不重要。重要的是出现的东西必须直接流向太阳神经丛。我有意识地专注于此，同时感受着自己的呼吸。我不再产生联想。我更为全然地感受到"我在"、"我能"以及"我有意志"。我从空气和头脑中接收到给不同身体的食物，我带着确信觉察到这两个孕育真"我"的真正的源头。

实践这个练习有可能带来一种主动的思维，在这种主动的思维中，真"我"会变得更为强大。

93.我的身体需要敞开

在敞开的活动中有一个我们无法超越的局限。如果要穿越，我们就必须让自己死而复生——让处于一个素质层面的自己死去，以便上升到另一个素质层面。我们需要完成的是在各个中心间建立起连接，对此我们总是半途而废。这就需要我们向一种高等力量、一种来自头脑高等部分的能量敞开。这是最难的事。我并不想敞开。

为了让高等力量与身体结合，身体需要向它完全敞开。我感受到一种自大脑向身体的能量活动，这是一种来自我上方的能量。为了了解它，我的注意力必须非常活跃，完全转向这种活动，并保持着它的强度。在这股能量面前保持正确的态度非常重要。我必须感受到自己有必要去有意识地臣服于它，以便让它发挥作用。这时，一种感受就会出现，一种渗透我整个身体的新的能量就会出现。我被这种能量的品质所触动。它具有一种强度和智慧，具有一种我平常状态下所无法了解的洞见。我感受到自己是自由的，不受任何控制。

这对我提出了全新的要求。我的本相，即这种活跃的注意力需要在两个层面之间找到自己的位置，以便让这股能量能够延续。我向这股力量敞开，但同时我也需要在生活的层面通过我的自动化机能来行动。没有我——没有真"我"在这里——这将无法实现。这种注意力必须要持续地保持着对这种高等力量，以及对身体，或者说对维系身体的力量的觉知。这两种能量活动同时存在于我的内在。如果失去后者，我将无法再在世间行动，如果失去前者，我就会被我的反应、我的自动反应系统所控制。我必须学习在行动的同时接收印象，并保持着向来自上方的能量敞开的状态。

我开始觉察到我习惯性地称为"我"的东西，并且意识到自身的渺小。在这种谦卑的核心有一种来自我高等部分的感受，它带着自信，像一束光、一种智慧一样出现。这时，我会发现我想改变的是一些我无法改变的东西。现在，我可以去服务了。我不会再去介入，于是，一种静默自行出现了。在这种静默中一种未知的能量显现出来并开始影响我。这就是意识。它不需要有一个对象。尽管它让我觉知到我的身体，但在这种印象里我所感知到的不是我的身体，而是意识之光。它显示出我的本相，以及我周遭一切的本相。

当我感受到一股纯净而不受局限的能量时，我能觉察到它是自给自足的。但这股能量是活动的，它呈现波状，并一直处于活动状态。这种能量波、这种活动以及这股能量都是一体的，都是一回事。然而能量波是这个活动，而非能量本身。重要的是了解这种能量本身，了解这种纯净的能量。

94.一种宇宙的层级

对于更高等的东西，每个人都有一种理想、一种向往，尽管表现形式不尽相同。但重要的是一种去实现理想的呼唤、一种来自素质层面的呼唤。聆听这种呼唤就是一种祈祷的状态。在这种状态中，人会创造出一种能量———种特别的辐射物，只是靠宗教性的情感就可以把它创造出来。这种辐射物聚集在它被创造出来的位置上方的大气中。空气中到处都有它的存在。问题在于如何接触到这些辐射物。通过呼唤我们可以创造出一种连接，它像电线一样连接着我们，让我们摄入这种物质，以便让它在我们的内在积累和结晶。这样我们就有可能显化出它的品质，并帮助其他人来获得理解，也就是把它给与回去。真正的祈祷就是建立这种连接并被它所滋养，被这种特别的物质所滋养，这被称为恩典。与此有关的练习是：我们吸入空气，想着基督、佛陀或是穆罕默德，并保留住空气中积累下来的活跃元素。

我们需要了解宇宙层级这个概念，了解在人类和高等力量之间有一种连接。我们必须与这种在层级和宏伟程度上都超越我们的力量相连接，只有这样我们才能理解我们的生命，理解我们活着的意义。我需要臣服，臣服于一种我认为更伟大的权威，因为我只是它的一个微小部分。它呼唤我来辨识出它，为它服务，让它通过我来放射光芒。我需要将自己置于这种高等影响之下，通过投入地为它服务来与它连接。我在开始时没有意识到我对**存有**的渴望就是一种来自宇宙的渴望，没有意识到我的素质需要我给自身定位，在这个各种力量组成的世界里找到自己的位置。我将这种渴望看做是自己的所有物，看做是可以用来让自己获益的东西。我的探寻也是基于这种主观性的，我从这种主观的角度去衡量一切，包括我和上帝。但是在某个阶段我会意识到，我感受到的这种需求其源头并非只是存在于我的内在。宇宙需要我所能成就的那种新的素质。人类——部分的人类——需要它。而且我也有一种需求，想在他们的帮助之下来获取我上方的那股力量。

我们会觉得如果没有与高等能量的这种连接，生命就没有什么意义。但只靠我们自己是没有力量建立起这种连接的。我们需要创造出一种能量流、一种磁场，让每一个人在其中找到自己的位置，也就是说，找到一个能够帮助这种能量流更好地建立起来的位置。我们全部的责任就在于此。所有传统的体系都认可和服务于这个目标，它们所采取的形式是与特定地域、特定时代的人类发展状态相适应的。今天，我们需要再度找到与这种能量的连接。

这就是为什么葛吉夫将第四道这种帮助带给我们，它兼容并包，并且考虑了当代人各种机能发展的状况。这个方法不是新的。它一直存在，但只是存在于一个有限的圈子里。今天，它可以让宇宙两个层面之间正在弱化的连接得到加强。这需要大量的工作。第一步就是建立起一些中心，以便我们可以和他人一起活出这条道路。我们在各种力量的影响中前进，一路上的体验会有高低起伏，承担责任会有多有少，经过这样的过程我们会获得一种解放。但这仍然只是涉及了很有限的一部分人，这种力量需要被更大范围的人类感受到。

第九篇 在统一的状态中

第一章 觉察的行动

95.另一种洞见

我寻找自己的本相,希望活出自己的本相。我习惯性地一方面认为自己就是"身体",而另一方面又认为自己是"灵性或能量"。但是,没有任何东西可以独立存在。生命是一个统一体。我希望把这种统一性活出来,并且通过不断回归自己的行动来寻找这种境界。我谈论着内在的生活和外在的生活。谈及这些是因为我觉得自己与生命不是一回事,是独立于生命而存在的。但其实只有一个宏大的生命。我不可能在感受到与生命分离、感受到身处生命之外的同时还能够了解它。我必须感受到自己是这个生命的一部分。但是,仅有对此的渴望或只是去寻找一种强烈的感觉是不够的。只有先在内在达到统一、完整的状态,我才能够进入对生命的体验。

我的内在有两种活动:一种活动是来自上方的能量渗透进我的内在并通过我发挥作用,但前提是我有足够的自由来听命于它;另一种能量活动是涣散的和混乱的,它驱动着我的身体、我的头脑和我的心。这两种活动差别很大,我无法让它们协调起来。我缺少一些东西。我的注意力无法同时跟随它们。它有时停留在空无、无限上,停留在虚空上;有时又停留在形式的层面上。当注意力停留在虚空上时,形式就会消解。当注意力停留在形式上时,对空无的感觉就会消失。我们不得不付出代价。

我能够有足够的自由度去接收未知的东西吗?它就隐藏在我各种向外

的贪婪活动背后。这种未知是隐蔽的和超凡的，无法被我的感官所感知。我能够觉察到一种形式，但我无法通过我的感官了解它的真实本性。我的思维能了解形式，但却无法掌握它们背后的实相，无法掌握关于我本相的实相，这种实相就出现在每一个念头与感受之前和之后。我们的体验——声音、形式、颜色、念头——都必须有一个背景才能存在。但这个背景无法被我的感官所感知到。我们从未觉察到和体验到它。形式和实相是一体的两面，它们存在于不同的空间。真相不会被思维的内容所影响，也无法淹没它。实相存在于另一个层面。而我的思维则会淹没实相，并创造出基于形式的幻象。形式就像是遮蔽实相的屏障。当我感受不到自己内在的实相时，就会忍不住去相信幻象，并把它称作"我"。尽管如此，当真正的静默产生时，幻象只会像海市蜃楼一样消失。

我必须觉察到在念头与念头之间有一个空间，这种空无就是实相，我需要尽可能持久地安住在这个空间里。这样，一种新的思维就会出现，清晰而睿智，这是来自另一个层面、另一个空间的思想。我觉察到寻常的思维是有局限的和可以衡量的，它永远不会理解无法衡量的东西。在我寻常的眼界中我看到这个世界的有形层面。而在另一种洞见中，我觉察到另一个空间，我所无法衡量的东西在其中有着自己的活动。如果我的各个中心完全静止，没有任何活动，能量就能流经它们。我就能觉察到以往所没有觉察到的东西。我就能觉察到事物的本相。在这种觉察中有一种光，一种非凡的光。一切都出现和消失于这个空无中，但都会被这种光所照亮，我不再那么执著于它们了。在这种觉察中我能够了解自己的真实本性以及周遭一切的真实本性。

与漠然、昏沉或愤怒去斗争不再是重点。真正的重点是洞见——**去觉察**。但这种觉察只有在我们回到内在源头、回到内在实相时才有可能实现。我们需要一种不同品质的觉察，它可以即刻穿透进去并到达自我的根基。如果我们从外表去观察自己，我们没办法穿透和到达更深的地方，因为我们只能看到身体，看到核心外面的形式，看到它的物质层面。实相就在这里，只是我从未去关注过它。我在生活中是背对着自己的。

96.觉察是一种行动

问题的关键不是要做什么,而是如何**觉察**。觉察是最重要的事——觉察的行动。我需要意识到它真的是一种行动,一种能够带来新事物的行动,它为新的洞见、确定感和了解都创造了可能性。这种可能性就出现在这种行动本身之中,一旦觉察停止,它也就消失了。我只有在这种觉察的行动中才能找到一种自由。

只要我还没有觉察到头脑活动的本质,认为我可以摆脱头脑控制的想法就毫无意义。我是机械性想法的奴隶,这是一个事实。奴役我的并非那些念头,而是我对它们的执著。为了理解这一点,我必须先去了解我是怎么被奴役的,然后再去寻求解脱。我需要觉察语言和概念构成的幻象,觉察理性的头脑所具有的恐惧,它害怕失去所有已知的支持后会有的孤独和空虚。我需要一刻接一刻地体验到被奴役的这个事实,不逃避。这样,我就能开始感知到一种新的觉察方式。我能够接受我不知道自己是谁并且被人冒名顶替吗?我能够接受不知道自己的名字吗?

觉察并非来自思考。在我升起想要了解真相的迫切渴望,却突然意识到理性的头脑无法感知实相时,我就会受到冲击,觉察便由此产生。要了解自己此刻真实的样子,我需要真诚和谦卑,并且不带任何面具地暴露在未知面前。这意味着接受一切、包容一切,在当下进入发现之旅,去体验我所思考、感觉和渴望的东西。

我们有限的头脑总是想要一个答案。而真正重要的则是发展出另一种思维、另一种洞见。为此,我必须让一种超越寻常思维的能量解放出来。我需要去体验"我不知道",不去寻求一个答案,放弃一切来进入未知。这样,头脑就焕然一新了。它会以一种新的方式参与进来。我觉察时不带任何预设的想法,不带任何的选择性。例如,放松的时候,在了解为何要作出选择之前我不再会去选择放松。我学着去净化我的觉察力,但不是通过排斥所恶或追求所好的方式来进行。我学着保持面对和清晰地觉察。一切都同等重要，我不会执著于任何东西。一切都取决于这种洞见，取决于这种观察，它来自于一种想要了解的迫切渴望，而非受到头脑的指使。

　　真正的感知和洞见来自于在接收印象时以新的反应方式去替代旧的。旧的反应基于记忆中的资料，而新的反应是不受过往制约的，头脑保持着敞开、接纳的状态，并且带着一种尊重的态度。这是一个新头脑的运作，基于不同的细胞和一种新的智慧。当我觉察到我的思维无法带来了解，其活动也没有意义时，我就会向一种对宇宙的感觉敞开，它超越了人类感知的范围。

97.超越寻常的感知

　　我认为我了解统一的状态。但如果我真的了解那指的是什么，我将会有种无法克制的渴望，想要以这种状态去生活。我将不再能接受分裂的感受，不再能接受这些保持孤立的部分，因为它们妨碍了我的临在，将我带离对实相的意识。尽管如此，我还是可以开始去注意我在统一状态中和涣散状态中的差别。各个中心之间以振动的形式相连接，我对于构成这种连接的能量特别感兴趣。当这种能量出现时，它会让我的机能剧烈地加速，并且会带来一种空间感，一股新的力量会在其中出现。

　　我的内在有一种能量、一种生命，它总是在活动，却不会向外放射。要感受到它，我就需要一种宁静、一种静默。只有在这种空无中另一种实相才会呈现。同时，我的内在还有一种能量，它被各种机能放射出去，这些机能通过不知疲倦地对来自内在和外在的印象作出反应，将这种能量消耗掉。我并不具有面对这些印象和反应所必需的注意力。但是当我看到自己无意识的反应速度有多快时，我会为之震惊。我有没有可能在接收印象时不这么快作出反应，而让印象渗透进来并影响我呢？为此，我需要一种对当下一切的纯净感知，这是一种没有被反应介入的感知。在寻常的状态下，我的注意力只能注意到当下这一刻的东西。它持续的时间非常短，以至于让我无法了解事物的本性。但这仍旧是一个可以获得了解的片刻。我们通常对客观而"如实"地感知事物不感兴趣。我们总是会评判它们或是从个人利益的角度出发去看待它们。对于每一份感知,我们都会立刻给它贴上一个会扭曲真相的标签。随后让这些标签来决定我们的行动和反应。

我感受到自己需要超越寻常感知所造成的局限。我需要一种新的感知,这是一种像第六感一样的注意力,它可以独立于理性的头脑之外来接收印象。这种注意力是流动的、包容一切的。我在内在很难找到这种注意力,首先是因为我感觉不到对它的迫切需求。我总是以同样的方式寻求,相信自己可以通过不断强化的方式来触碰到真实的东西——例如,我可以尝试通过不断加强对感觉的了解来使它深化。但如果我想要获得一种新的感知,就不能通过强化的方式来进行。我是无知的。如果我感觉到这种彻底的无知,就会有一个中断、一个断裂,它可以解开那些禁锢我的束缚。它会带来一种内在的扩展,我的注意力会超越已有印象的局限。这里没有需要爬升的阶梯。我必须跳跃。要变得有意识,我就必须放掉所有已知的东西。真正的了解是这样一种状态,在这种状态中我会去观察、体验和理解一切,然后将它们作为废物抛弃——因为它们对于下一刻是没有意义的。

98.最重要的事

我们所学习到的东西——所有的语言和记忆——给我们造成了一种具有连续性的印象,创造了常"我"的幻象。但是,从我们内在能量的层面上来看,这些东西的品质是不高的。能够让我们在每一个层级上都更上层楼的关键就是注意力的强度和品质。注意力让我们能够觉察。注意力是有意识的力量,是来自意识的力量。它是一种神圣的力量。

洞见,内在的洞见,是对一种超越思维的能量的解放。它是一种对生命完整的觉知,因为觉察就是在当下拥抱一切。我们无法一部分一部分地或一点一点地花时间去觉察。我们必须觉察到整体。这是一种感知真相却不加诠释的行为。如果我因为任何东西而分心,我的局限就会让我无法自由地去觉察。我的念头是机械性的。它们是对一个问题或印象作出的机械性反应。这种反应可能会占用些时间并在一段或长或短的停顿后才发生,但它仍然是机械性的。而洞见则是一种没有念头、没有语言或名称作为保证的观察。在一种纯净感知的状态下，不再有目的或进行反应的企图。一个人只是活在实相中。

觉察的行为是一种释放的行为。当我看到真相，看到真正的实相，我的感知就会被释放出来。我不需要再执著于我赋予知识、见解和理论的无上价值。没有思维的参与，如实觉察的行为本身就会带来非凡的效果。如果我能够保持面对实相而不去反应，一种思想之外的能量来源就会出现。注意力会被一种在感知行为中获得解放的特殊能量所充满。但只有在我对理解和觉察有迫切需求，我的头脑为了观察而放弃一切的情况下，这种观察的状态才会出现。这样，一种新的观察就会出现，没有知识，没有信仰或恐惧，只有一种为了了解而保持坚定和面对的注意力。这种注意力既不否认事实，也不会承认它。这种注意力只是觉察——从一个事实到另一个事实，带着同样纯净的能量。这种纯净的觉察行为就是一种转化的行为。

我们需要理解有意识的注意力所承担的角色。在各种力量的运作中，各种能量要么被消耗，要么服务于创造一种连接，这种连接会带来更高等的洞见、更自由的能量。有意识的注意力需要各个中心之间有一种连接。但这种连接并不容易建立起来，因为各个中心的振动频率是不同的。这些中心要如何被连接起来呢？"中和"又意味着什么呢？这就需要一种可以包容一切、觉知一切的能量。这种能量只是去包容就足够了。一旦它有所偏向，它就不再是包容的并且已经退化了。

我聆听，感觉另一种强度的振动，希望与之同频，以便能了解它们。与之同频需要一种作为第三力的注意力出现——一种警醒、一种没有期待的观察、一种比以往更强的觉察力。只有头脑与身体具有同样的能量强度时，它才会出现。这种觉察是最为重要的。它维系了两个中心之间的连接，并且能够让一种新的能量生成。

第二章 有意识的感觉

99. 生命在我的内在

我们开始意识到实际上我们没有把任何东西置于我们的观察之下，置于我们的注意力之下。我在这里，关注着我自己。但我还是无法将自己作为一个整体来彻底地感知。我对各部分的感觉程度是不同的，我无法全然地感觉到整个的自己，无法拥有这种对内在各个部分的同等感觉。主动思维的基本特点就是能够专注在所要了解的东西上。但我还无法将任何对象置于我的观察之下，无法真正地去觉察。这种觉察的行为是难以领会的。

通过感觉，通过感觉带来的身体上的体验我可以觉知到我在这里。但我的感觉总的说来是机械性的。我接收到这些感觉并作出回应，却不知道自己是如何作出回应的。我对感觉的觉知是脆弱而短暂的。这些感觉所带来的了解也不够深入。我不知道它们有什么价值。因为我无法将它们置于我的观察之下，所以我可能会完全误解它们的意义。

在开始时，感觉几乎是自我了解的唯一工具。它可以给我力量来观察很多事物，并重复那些我们可以辨识出的体验。这会创造出一个内在的世界。随后，意识会变得更加深入、更加内在。而在意识的进化中，想要观察内在深处的冲动是关键的一步。没有这一步，一切都无法变得确定和纯净。

我需要调整各个中心，以便能够聆听到一种未曾退化的能量的振动。我聆听着它在我内在的回响。这就是在祈祷、冥想、诵读经文、念诵咒语时所发生的事情。但我需要去理解我当下在走的这一步，不要让步伐超越自己所能理解的范围。我所进行的艰难接触和交流会带来一种了解，从而将我解放。所以，我会以自己所有的部分去聆听内在一种未知能量的振动。

我看到我从未允许一个体验在内在发生。我总是拒绝全然的体验。这是因为我想引导它。我并不信任体验，我只信任自己。正因为如此，它也不会给我带来转化。当我开始感知内在一种精微的临在时，我会觉得它像是一个有生命的东西在呼唤我去感觉它的影响。但我却无法深刻地感觉到它的影响，因为我被一道紧张形成的屏障，也就是我头脑的反应所阻隔。这种临在中的未知会引发一些冲击我头脑的联想和印象。头脑通过给出一个形式来作出反应，这种反应滋长了"我"的观念，滋长了自我主义。但这并不是真"我"，本身就很有智慧的真"我"就在这个"我"的后面。这个"我"就是常"我"，就是小我，它认为自己在反应中可以肯定自己。紧张所形成的屏障就是小我所形成的屏障。

我越来越强烈地感觉到要去体验某些印象。这种需求非常强烈，仿佛没有这些印象我就无法活下去一样……而实际上没有它们我就无法参与到某种形式的生活中来。这种需求太强烈了，以至于因为缺少印象，我会从外在去寻找本应来自内在的冲击来制造印象。生命在我的内在，但我却感觉不到它的振动。那些振动对于现在的我来说太精微、太细微了。即便是我对于被这些振动渗透的渴望，对于吸收它们的渴望，也会带来二元对立，带来一种阻碍这股能量的紧张。带着这种紧张，我无法感觉到这种能量的特性。它的振动无法触及我。我感受到这一点，感受到我的无能为力。我无法被转化。在我的紧张中，我感受到我的抗拒。生命就在这里，很近，但我的小我仍旧保持着封闭和自以为是的状态。

100.一种内在的平静

直到现在我都还没有了解我与身体的关系。为了让我变得有意识，我的身体必须接受和理解它的角色，不是出于被迫，而是出于真正的兴趣。为了让统一的状态出现，我的身体必须有意识地自愿参与进来。为此，我必须找到一种没有紧张的自由状态。

在向临在敞开的过程中，有两个需要理解的步骤：第一步，觉察。这在我将整个的自己保持在观察范围之内时就能实现；第二步，观察所带来的放松，觉察时受到的冲击所带来的释放。为了让我具有一种真正的感知，并且能够去进行了解，我需要一种尽可能全然和均匀的注意力，这是一种客观的、包容一切的观察，不会有任何的偏向。最重要的是去发现我是否能够具有这样的观察力。当我的注意力真正活跃起来时，当我的头脑具有这种清明的观察时，头部和身体的其他部位都会放松下来。这时，我能够体验到一种临在，它不需要向外在放射出去，它就处于我的观察之下。我能体会到这种放松从头到脚地发生了，我内在空间的大小改变了，好像不再局限在我的身体之内。在这里我找到了放松的意义，它不是一种人为的放松，而是随着我对觉察行为的理解而产生的。

在我觉察的时刻，会有一个冲击、一个停顿，这时我内在的精微能量可以自由地流向正确的方向。我没有强迫它改变方向，它是自行改变的。这时，我会了解到一种内在的平静，一种没有波动、没有涟漪的状态。这里没有活动。尽管如此，我还是把这种放松看做是一种行动，一种不取决于我却可以转化我的行动。这时我就会了解这种能量是什么，它是一种不会去控制我的能量。它就是"我的本相"。如果我的注意力保持全然，如果自我观察能够照亮一切，一种敞开就会出现，它好像是被赐予的一样——一种在腹部的满溢、敞开。通过这样的感知，我才能获得片刻的了解。我发现了一些真实的东西并且看到了一个学习的方向，我只能一步步地往前走。

为了向临在敞开，我需要在内在进行一种振动强度的转换，需要一种通过感觉来进行的向内的活动。为此，我需要一个没有紧张的空间，它感觉起来就像是空无，没有总是在自我肯定的常"我"存在。这样我就可以渗透到精微振动的世界里。感觉就是对这些振动的感知。我越是感受到身体里的生命，就越是意识到没有它的参与，我就无法感觉到本体。我通过身体感觉到生命。不是我去抓住它，而是它主动让我感觉到的。这是一种非常不同的内在活动，它会带来深入的放松，我有时独自在大自然中也会体验到这种感觉。

101.一种有意识的姿势

感觉是通往意识之路上最关键的体验。我需要理解有意识的感觉意味着什么。

我们渴望了解自己是谁。我们每个人都知道这有多难。我达到了一种安静的状态，有了多一点的平静和静默，而一旦我对生活作出反应，我又回到了最开始的状态。什么都没有改变。作出反应的不是真正的"我"。我的内在有一部分根本就没有被撼动。我从未有过到达自己根基，触及自己本质的感受。我从未被彻底地触动过。总是有一些隐藏起来的部分在进行抗拒。

我的身体会首先进行抗拒。它不了解我的渴望，只是过着它自己的生活。尽管如此，它还是可以参与到了解的过程中来。它是我们内在能量的容器、载体。如果我们向内看，我们会觉察到能量要么聚集在头部，要么聚集在太阳神经丛。也许在脊柱里也有一点，但与其他中心里的能量是无法相比的。再往下的那部分身体则是完全没有能量的。它对我来说好像根本不重要。而我们的能量只有在身体里并通过身体才能发挥作用。

我感觉到这种能量开始出现。为了让它通过我来发挥作用，我需要看到我的自动反应系统，并且意识到如果它变得比有意识的活动更强大，这种能量就会衰退到较低的层面，我也会再度被控制。身体的姿势非常重要。我自动化的姿势会阻碍能量的流动并局限我的思维与感受。我需要看到这一点、体验到这一点，这样有意识的痛苦才会出现。它会呼唤新的姿势，呼唤有意识的姿势，这种姿势就像是一个电磁场，让这种能量能够对身体发挥影响。因此身体的姿势必须是精确的，并且由头脑、心和身体之间紧密而持续的合作来维系着。我需要感到舒适，带着安乐和稳定的感觉。这种姿势本身就可以让头脑做好准备，不再有躁动的念头。在正确的姿势中，我所有的中心都统一和连接起来。我找到了一种平衡、一种秩序，我的常"我"在其中找到了自己应有的位置，不再是主人了。思想更加自由，感受也是如此，它现在更为纯净，不再那么贪婪。它对某些东西有了尊重。

随着我让自己向这种能量敞开，我会不带评判、不带结论地吸收这种能量。我的注意力不带任何努力，耐心地维系着它自身，静默地渗透到超越已知的范畴中去。这就像是一种内在的扩展。在身体与驱动身体的能量之间我感受到了一种更强的统一性。一个重心，一个能量的核心，已经自行形成了。我的内在不再有矛盾，不再有抗拒。我已经在内在找到了原始的能量中心，已经穿越了挣扎，穿越了身体和心灵之间的二元对立。一旦我与这个重心失去连接，能量就会向着头部和太阳神经丛的方向涌回去，对"我"的错误观念又会出现。我认为这种接触是容易维系的。然而即使是这种维系的想法都是错误的。这个重心必须成为我的第二天性，成为我的衡量标准、我的指导。我必须在所做的一切事情中感受到它的分量。否则，向高等中心的敞开就不会发生。

当我体验到自己成为这种可以意识到自身的有生命的临在时，我会感受到其实是临在在呼吸。我重心的自由取决于呼吸的自由。当我让呼吸自行发生而不去干扰时，另一种实相出现了，这是一种我所不了解的实相。我需要了解这种体验是我最根本的食物，我必须尽可能多地回到这种状态中来。

102.在安静的身体里，我吸气

我对自己有了新的印象，但它是脆弱的。对于作为一个有生命的临在的感觉，我还没有足够的体验，我现在拥有的这种感觉仍旧太脆弱。紧张再度出现。我感觉到了它们。我知道它们把我与什么东西分隔开来。正因为我知道这一点，这些紧张才会消解掉。在这种起伏的活动中，我的心变得更为强壮。它失去了那些负面和攻击性的部分，越来越向一种精微的高等感觉敞开，向一种对生命本身的感觉敞开。我的理智必须理解紧张的意义，我内在有些东西需要让出越来越多的空间——不是出于被迫，而是来自一种迫切需求，这是来自我的素质的迫切需求。我寻求去理解这种没有紧张的状态，它把我带向空无，带向我的本质。

我开始觉知到一个更精微的振动组成的世界。我感受到这些振动，对它们有了切身的感觉，好像我的某些部分被它们所滋养、激活和灵性化，而我还没有完全处于这些振动的影响之下。我意识到了这一点。我有一种越来越强烈的需求，要去接纳这些振动。我的常"我"失去了权威，随着另一个权威的出现，我觉察到只有我与这个新的权威协调一致，我的生命才会具有意义。在创造这种协调的工作中，我感觉好像处于一个闭合的循环中。如果我能够在这里安住足够长的时间，我被转化的奇迹就会发生。

为了感受到这些精微的振动，我必须让身体真正地平静下来，没有任何紧张。头脑只是一个没有任何评论的见证者，觉察着一切的发生。于是，我就会了解纯净的感觉是什么意思——一种没有任何思想介入的感觉。在这样的觉察之下，我的身体没有任何紧张。随着我的觉察清晰起来，放松自行发生了。带着这样的觉察，我感受到自己内在那些能量孤岛需要被更为深入地连接起来。这种精微的感觉就是一种灵性显化、灵性渗透的标志,灵性被物质化了,具有了一种明确的密度。

在一种更为客观的状态中,一种秩序被建立起来,我的呼吸也具有了新的意义。只有在这样的状态中我才能接收空气中更为精微的元素并把它们吸收进来。我感觉到这种能量在我的体内自由流动,没有任何东西会阻碍它或让它改变方向,没有任何东西会把它放射出去或将它固定在内在。它以一种循环的方式流动,这是在没有我介入的情况下自行发生的。我感受到自己就存在于这种活动中。我发现自己的呼吸就是能量的吸收和排放。

我吸气……我呼气。

我知道我在吸气……我知道我在呼气。

在一个安静的身体里,我吸气……在一个安静的身体里,我呼气。

缓慢地,我吸气……缓慢地,我呼气。

我觉察到这种呼吸在内在发生。我觉察到我的身体。我不会把它们一分为二。

在一个轻盈的身体里,我吸气……在一个轻盈的身体里,我呼气。

身体感觉更轻盈了。我让自己完全地呼气,直到彻底地呼出来。

没有期望,我吸气……没有期望,我呼气。

我感受到这种活动的不确定性。我不去寻求控制什么,无那论是什么。

感受到自由,我吸气……感受到自由,我呼气。

语言和形式都失去了吸引力。一种清明点亮了我所处的状态。为了觉知自己的本相,我进入了深深的静默。

第三章　主动的注意力

103.感受到不足

在我们的内在有一股自上而下的力量和一股自下而上的力量。这些能量之间没有连接。尽管我们在这里承担了一种宇宙的职责,但大自然没有在我们人类的内在提供这种连接。人必须将自己与内在的高等力量相连接。为此,他必须看到自己的无能为力和抗拒,同时感受到与内在深处相连接的渴望。

当注意力的能量在每一个中心里有着不同的活动时,它就难以有自主的力量。所以我需要另一种注意力,一种更为纯净的注意力,它不会被各种念头所负累,并且能够对各个中心产生影响。我无法通过捕捉或强迫的方式来获得这种注意力——我无法迫使它出现,就像我无法强迫爱出现一样。当有需要的时候,当有一种迫切的渴望呼唤它的时候,注意力就会出现。当我真的觉察到我缺乏理解,觉察到我找不到生活的方向和意义时,我的注意力就会在这个时刻被呼唤至此。没有它,我永远也无法活出自己的本相。我没有必需的能量。但当我感受到这种绝对的必要性时,这种注意力就出现了。因此我必须体会到一种缺乏、不理解、不知道的感受,体会到一种不足的感受。

我走在街上时可能在做白日梦。但是当我走在冰上,走在很滑的结冰的路上时,我无法再做梦。我需要自己全部的注意力来避免滑倒。在我的内在也是如此。如果我对自己没有真正的兴趣——如果我一直认为我可以回答任何问题,并假装自己能够做到这一点——我将会一直做梦,所需的注意力将永远不会出现。

　　我必须体验到自己在此刻的渺小，以及对保持临在的无能为力。我还要去感受到自己缺乏兴趣、缺乏渴望。这是一个重要的时刻、一个间歇。在这里强度会减弱，并缺乏继续向前的足够力量。我觉察到自己被机能所控制。也许我也觉察到了来自另一个层面的力量。但如果这股力量没有参与进来，我没有与它连接，我的机能就会把它的能量消耗，我也会比以往受到更多的控制。我必须主动地交托、主动地臣服。我希望能保持面对这种不足。我对它的觉察是不够的，我对它的感受是不够的，我因它而受的苦也是不够的。感受到这种不足会唤来一种更为主动的注意力。这就好像一扇朝向更为精微的能量的大门敞开了。只要内在有空间，这种能量就会经由头部下降到我的内在。我全部的工作就在于允许能量经过，以便让它可以循环起来。一切都取决于我的注意力。如果它削弱了，我的机能就会再度夺回它们的控制权，重新占有这种能量。

　　这种循环需要一种主动的注意力，我以前从未需要过这样的注意力。我觉察到我必须要有一种意志力。我说："我渴望存有。"说"**我**"时，我向这股流经我头部、流经我头脑的力量敞开；说"**渴望**"的时候，我体验到一种强烈的情感，它会让能量能够流过身体；说"**存有**"的时候，我将自己作为一个整体来感觉。我感受到内在有一个临在。

　　我越来越意识到我需要意志，这是一种来自内在深处的对**存有**的渴望，一种可以给我存在感的力量。它可以显示出我真正的位置，有了它，我才能觉知到一种秩序、一种连接。

104. 臣服和意志

　　有两个互相对立的极端在影响着我的临在，它们散发着完全不同的振动。我通过自己对它们的感觉来了解它们的影响。我对地球的吸引力很敏感，我臣服于它；我对来自高等世界的吸引力很敏感，我也臣服于它。但我却没有意识到这一点：我太被动了。这里有两种力量、两种能量流、两种命运，它们彼此没有连接。为了让高等力量得到吸收并影响更沉重的物质，就必须有一种密度居中的能量流，有一种能够激活整体的不同电压。这将会是一种更纯净的情感能量流，在其中没有我寻常主观情感能量的介入。当我能清醒地觉察到这两种力量同时运作时，这种能量流就会出现。一旦拥有了这样的洞见，我就会被一种意志、一种渴望所紧抓，这就是对真"我"的感受中最为纯净的本质部分。这就是活出本相的意志，觉知真实本性，即"我是本体"的意志。

今天有些东西敞开了，呼唤我去与高等力量相连接，但这不会自行发生。我觉得自己必须要去臣服于一种高等的能量、一种权威。我将它当做唯一的权威，因为我就是组成它的一个微粒。我需要靠服务于它来保持与它的连接。臣服有两种。如果我在被动的状态中，无意识地去臣服，我会失去自我并且无法去服务。但如果我进入一种更为主动的状态，我就可以主动地在交托中去臣服。这需要一种有意识的被动状态，在这种状态中，只有注意力是主动的，各种机能都被刻意地保持在被动状态。我需要让我寻常的活动都静止下来，让我的念头、情绪和感觉都放松和安静下来。我的注意力现在是主动的，它能够被用于了解"事物的本相"和"我的本相"，了解我有多真实。只有主动的力量可以把我从被动的力量中解放出来。在一种觉察一切的完整注意力中，我所有的部分都连接起来。在保持临在的行动中，我主动地臣服和交托，放弃自己的意志，但同时获得了一种掌控自身机能的意志。

臣服于更伟大力量的第一个标志就是有意识的感觉。但只有我主动地处于被动状态时才会具有有意识的感觉。当我感觉到自己的不足，感觉到缺乏时，我会觉察到对改变的需求，并且会因为一种饥渴、一种被滋养的需求而痛苦。我的思维被召唤去接近一种深刻的感觉，这会唤醒一种感受。但这种感受是脆弱的,我是恐惧的。我还不信任它,于是它消失了。小我重新掌权,一切都消散了。我需要了解重新开始会需要谦卑、真诚。我必须再度寻找那深刻的感觉。我要么臣服于赋予我力量的能量流,要么臣服于剥夺我力量的能量流。如果注意力不是有意识地被投注在一个对象上,它就肯定会被消耗掉。这是一个我无法逃避的法则。两种能量被转向彼此是不够的。其中一方向着另一方靠近的活动必须要足够活跃,从而引发一种可以唤醒感受的全新内在活动。

我开始觉察到我全部的挣扎,我能否实现我的可能性都取决于我的注意力。一种力量是为了影响我而呼唤我的注意力;而另一种力量则要控制我的注意力,并通过各种机能将它消耗殆尽。在这个过程中,没有人在这里,没有人知道我想要什么,没有人觉得自己应该负责任。对缺乏的感觉,对真正缺失的东西的感觉,是最为重要的。我自己可以解决这个问题……只要我**有意志**。

105.发展有意识的力量

真正的自我观察是主人的行为。我们现在只有有限的注意力,只能注意到身体、头脑或心。以第一、第二或第三种人的意志力,即使完全地专注,也只能够控制一个中心。我们无法主动地、有意识地臣服。尽管如此,我们还是可以做出自我观察的努力,这个练习可以加强注意力并让我们知道如何更好地专注。我们可以开始记得自己,如果我们能够认真地工作,就能够知道记得自己需要什么条件。

对我们来说,有两种可能的行动:自动化的行动和依照"渴望"而采取的主动行动。有渴望、有意志,是世界上最重要也是最强大的事,因为它可以让我们采取非自动化的行动。例如,我们可以选择我们想要做的事情,选择我们通常做不到的事情,将它作为我们的目标,并排除一切干扰。这是我们唯一的目标。如果我们有**渴望**,如果我们有**意志**,我们就可以做到。没有意志我们是做不到的。带着有意识的意志，什么都可以做得到。

我需要发展一种主动的注意力，即一种有意识的注意力，它比我们的自动反应系统更强大。我必须感受到头脑与身体之间缺乏连接，并且觉察到这种连接的产生需要一种主动保持在这两个部分上的注意力。而这就需要一种与我寻常意志所不同的意志，它来自于一种新的、未知的感受。只有向高等力量敞开的有意识的注意力才有力量战胜自动反应系统。为此，注意力必须一直处于主动的状态。有意识的力量不可能是自动化的。注意力可能会强一些或弱一些，但只要它不再是主动的，它就会被控制。当它不再主动转向这种连接时，连接起来的能量就会分开。我会变得分裂，自动反应系统会再一次掌权。所以，向高等力量的敞开必须是持续的。

为了发展这种有意识的力量，我必须在日常生活中的所有活动里保持一种不间断的感觉——在走路时，在讲话时，在从事任何工作时。在这样的一种状态中，注意力是主动的，而身体则有意识地保持被动。我的注意力需要被两样东西完全占据：去感受和跟随一种临在的感觉，同时，抛开联想，也就是不让它们占据我。我对自己的临在有着感觉和感受。我的注意力放在这种感觉上。思维完全致力于观察我的体验，不让任何语言和形象来代表它。这种觉察是最重要的，它是一种维系连接并让能量汇聚的高等力量。身体感受到这种力量，也就是它的主人所具有的品质，拒绝再以自动化的方式去显化。为了接收到这种力量的影响并让它更强烈，身体臣服了。这里有一种挣扎：一种能量必须掌权，另一种只能接受。一切通常会消散的东西凝聚了起来。一种气场自行聚集起来。我有一种非常明确的感觉，而且在某个时刻，我会感受到被一种新的能量所激活，这是一种对存有的感受。

第十篇　一种有生命的临在

第一章　一种纯净的能量

106.最高等世界的一个微粒

我们活在两个世界中。我们的机能对印象作出的反应就是我们与低等世界的接触。我们对内在精微能量的感知代表了我们与高等世界的接触。我们内在有着两种同时存在而又相互对立的活动———一种向外，一种向内。在我们的机体里，某些细胞为了创造和维系我们的身体而进行繁殖。其他的则处于萌芽状态，通过紧缩和浓缩，为以后的创造储备能量。在生活中的显化里，我们认为我们在创造，但真正的创造却是通过内收、吸收来实现的。我们临在的角色就是连接这两个世界。

我的内在有一股生命力，但我却没有去感受它、聆听它、为它服务。我所有的能量不断地被念头和欲望所驱使，流向外在，只着眼于满足我的贪欲。当我看到这种无意义的浪费，我会觉得需要更深的宁静，需要一种静止的状态。在这样的状态里我可以觉察到一种纯净、自由的能量。我需要具有一种不同的内在密度、一种不同品质的振动。这实际上就是一种灵性化的过程，灵性渗透进物质并将它转化。对于从一种物质属性进入另一种，我必须具有强烈而深刻的体验。随着注意力的净化和凝聚，我的感觉越来越精细，它渗透到身体里并扩散到我周围的一切中。这是唯一的途径。为此，我需要进入一种单独的状态来实现这种内化、这种浓缩。

为了了解这种精微的感觉,我摆出正确的姿势,并找到一种态度,让身体和头脑成为一体。我的头脑每一刻都是清醒的、清明的,并且完全地专注。一种深层的放弃、放开的行动发生了,一扇通往内在自由的门打开了。我了解了宁静的含义,了解了它只能通过感觉来获得。感觉会随着紧张被再度吸收而变得更为精微。感觉只有在没有紧张的地方才会变得精微和具有渗透性。我的内在有一个超越思想的层面,我寻常的意识从未到达过那里。我感觉那里像是一种空无、一种未知的本质,没有小我的存在。我感知为虚空的振动其精微程度超越了我所熟知的密度,超越了我常态的存在方式。

在这种状态中,我的思维和感受可以包含形式。我的思维是静止的,没有任何语言,它能够包含各种语言和形象。我的感受——来自本质的而非形式层面的感受——能够包含形式。对真相的了解通过包容而产生。我的思维为了具有渗透性而保持自由状态,没有反应或选择,没有对安全感的紧抓。在对觉察的迫切需求面前,小我停止了对自己身份和形式不惜代价的肯定。它为对存有的情感,为活出我的本相的意志让路,我的本相是不受制于形式或时间的。我感觉到一种超越身体界限的扩展发生了。我并没有失去对身体的感觉,甚至觉得可以把它包含进来。我感觉到一种特别的能量,我感受到它就是生命本身。我的头脑是平静的,拥抱着整体。这种体验只有在整个的我都有着对觉察的需求时才会出现。如果我将自己交托给这种能量,它就会成为我内在一种新秩序的开始。

我是最高等世界的一个微粒。我能够通过感觉来了解这一点。我们只能通过感觉来了解上帝。纯净的感觉——那纯净、强烈的感觉——就是一种对上帝的称呼。而身体就是获得这种体验的工具。

107.感受到临在的生命力

我们彼此分离的各个能量中心用之前记录的素材来对接收到的印象作

出反应。每一个中心都从自己的角度作出反应。每一个中心都有某种品质的能量，并且只能了解与之相应的东西。但我们的内在还有一种品质比这些中心的能量高出许多的能量。这些中心无法单独地了解这个事实。它们太被动了。为了向更高品质的能量敞开并让其渗透进来，它们必须统一起来，变得更为活跃，这样它们的振动才会加强。我们的工作就是要增加低等中心的能量强度，以便让它们与高等中心相连接。

当我达到一种安静的状态，没有任何紧张时，我会发现一种非常精微的振动，一种我之前无法感知到的实相。它来自于另一个我通常不愿向其敞开的层面，来自于一个只有各个低等中心都放松和安静下来才能运作的高等中心。如果我愿意主动地向最高等的能量敞开，我就能连接到它。但这种敞开是困难的。我头脑和身体的能量水平和状态是不足以让它发生的。头脑受制于思考的内容，以及它自身无法停息的自动化活动。身体也没有被足够地触动。常"我"仍旧保持着它的力量，不允许与高等能量的连接发生。对它来说，那种能量好像根本不存在一样。为了让连接发生，我必须自愿地受苦。通过受苦，注意力会变得主动，它强烈的意志可以让身体向更精微的能量敞开。一切都取决于这种敞开。这样来自上面、来自头脑另一个部分的能量才能发挥作用……我的状态被转化了。

我需要了解三个低等中心之间的连接对于向新的能量敞开来说是绝对必要的。只有当连接稳定时，这种敞开才能持续。这种能量需要成为一种临在。我需要感受到它的生命力，它有着自己的密度、自己的节奏。我需要去保持这种临在所具有的独立生命。我不能将对临在的感觉抓得太紧，这样它就会失去意义。这种感觉也不能太弱，因为这样的话，以我现在的状态，我将无法让自己与之同频。这种能量必须充满我的整个身体。我必须感觉到我的活动是从这种能量出发的。一切都必须服从于它。我必须让它来主宰。

在对这种能量的敞开中，我体验到一种内在的秩序，在其中我可以整体性地体验到这种临在，这种临在可以觉察到所有的部分。只要我的注意力保持主动，保持在各个部分中强度的一致性，这种临在就可以通过我的各个部分来发挥作用。这种内在的秩序需要一种全然的注意力。这种新的能量流需要其他部分的服从，需要接管一切并且持续地存在下去。我内在的临在和我身体之间的连接就是这个临在与生活的连接。

108.来自头脑的高等部分

有一种能量来自头脑的高等部分，但我们却没有向它敞开。这是一股有意识的力量。它需要出现，流经我们的身体并影响我们。它现在无法流经我们或影响我们是因为我们的头脑和身体还没有连接起来。当我被自动反应系统所控制时，内在高等振动和低等振动之间的差异就会非常大。注意力是这种有意识的力量的一部分，它必须得到发展。

我坐在这里，当下。我要从哪里去尝试与身体连接呢？我要从哪里来觉察自己的样子呢？……从我还没有对其敞开的那部分头脑。要与身体连接，我必须敞开头脑，让它安静下来。它不能总是想着各种各样的事情。它必须静止地安住在两个念头的空隙中，直到它变得具有更高的敏感度和感知力，比它觉察的对象、观察的对象还要有活力。当我的注意力更加活跃、思维更加自由时，我就能够开始**觉察**。这种觉察是与我内在高等能量的直接接触。一种新的智慧出现了，与身体连接也成为可能。

这种来自头脑高等部分的力量需要流经身体并且找到一个自由的空间，这样才能去影响其他的中心。振动的产生必须要有空间。最轻微的紧张都会对此造成阻碍。为了去接收我内在的这种生命能量，我必须具有一种没有紧张的状态……完全没有紧张。我平静下来。当真正的平静出现时，我就可以向一种充满身体的能量敞开。所有局限的迹象都消失了。我感觉很轻盈，就像是透明的一样。我的临在似乎比身体还要活跃，振动强度比身体还要大。一种力量需要成为主宰,其他的力量只需要去接受。

头脑与身体之间的连接即使出现了也是不够的。它无法持续。在某个时刻,连接是存在的,然而……过了一小会儿,这两个部分就失去了连接。因此,还有一些东西是必需的。一种力量需要被发展出来,这是一种可以持续的有意识的注意力。这件事是取决于我的。我可以放弃努力,而如果我有渴望、有意志,我就可以变得更加专注。我对此负有责任。我的责任就是去觉察。

109.成为一个容器

我的注意力不是自由的。它的流向不是有意识的。当我面对这种状况,感受到它时,我会感受到一种对敞开的需要。正因为觉察到了这一点,我深入地放松了,我的身体也敞开了。我的头脑也是如此。于是,一种趋向统一的活动发生了。我的注意力强度增加了。我允许这种统一的活动发生。突然,我感受到一股新的能量出现了,它来自于一个非常高的层面并且流经我。我感觉自己就是这种能量发挥作用的工具。而我却还没有让它影响到我。我太紧张了,仍旧想主导自己的行动。同时,我又有一种渴望,想要超越常"我"的局限,想要了解自己是如何被内在的生命力所驱动的。为此,我所有的能量中心必须目标一致地去成为一个整体,与这种来自高等中心的能量流融合起来。这时,我内在所有的能量就像是被包含在一个闭合的循环里一样。这不是通过一种强迫性的努力,而是通过我各个部分之间的连接来实现的。我需要先成为一个容器,然后才能够了解生命流经我的管道。

为了吸收来自上方的力量并去影响我内在较为沉重的物质,就必须有一个新的循环,它必须有更高的强度并且能够给整体充电。这需要一种不被任何寻常主观情绪所影响的纯净的情感能量流,需要一种高强度的注意力，它只有在我真诚地看到自己缺乏了解，真的**什么都不了解**时才会产生。当我意识到这一点，这种状态就会出现，我的自动反应系统就会慢下来。我会瞥见隐藏的东西，瞥见自动反应系统本身。我觉察到自己的思想和感受局限在一个主观的圈子里，我的觉察可以超越这个圈子。我感受到自己是一种双重活动的中心：一种可以让我接触到更纯净的力量的统一活动，以及另一种可以让我吸收这种能量的放松活动。这两种活动在生命的流动中是互补的。在一个极静的时刻生命会让我感受到它的影响。这时，通过我的感觉，我感知到另一种品质的振动，并穿透到一个更为精微的物质组成的世界里。这会产生一种像磁场一样的东西。它会放射出获得高等意识所需的能量，带来一种不同层次的情感能量。

现在我生命的意义就是通过进入一种完全被动而又十分清醒的状态来为内在无形的临在服务。这就需要在临在的高强度能量和一种越来越深的放松之间找到一种平衡。我好像能够感觉到另外一个身体活在我的内在。要达到这种状态，我需要有正确的姿态，这是一种扎根并保持重心的姿态。我需要向重心这个关键的核心敞开，我在这里与生命力相连接，并且能感受到它是这股力量流出和回归的源头。当能量下降并累积到小腹时，我对**临在**的感觉就会自由地敞开和扩展。但如果这种能量依照自己的惯性涣散掉并再度上升至太阳神经丛和头部时，这种对临在的感觉就会变弱。我的重心就是上升和下降活动的中心点。它既不是我的心也不是我的头脑，但却可以带给它们一种自由，让它们能够与高等中心相融合。

正确的姿态也需要恰当的呼吸和恰当的肌肉张力，好让能量可以畅行无阻。当我达到紧张与放松的平衡状态时，我就会感觉到能量在我所未知的管道中流动。我感受到朝向统一状态的活动被一种呼吸所掌管，各种能量会在这种呼吸中调合在一起并且融入身体。

第二章 一个能量组成的身体

110.我内在无形的临在

我们内在的哪一部分可以履行有机生命对地球所负担的责任呢？特殊的感知器官，即能量中心的高等部分，它会接收到对一种精微能量的直接印象。这是一种超越自动化机能的感知，一种更有意识的感知。这份责任需要我们形成一张网或一个过滤层，来网住一种可以被体验为第二个身体的物质。为了接收这种精微的能量，并让它透进来，我的临在必须变得像第二个身体一样。为此，我需要累积这些活跃的元素，它们在肉身中已经开始具有独立的生活，创造出它们自己的特性、自己的世界和活动。

我在这里。我感受到觉察自己的需要。我的身体需要向一种它拒之门外的力量敞开。这种力量来自于上方，略高于我头顶的位置。我的头脑不让我向它敞开，我的身体也不允许我敞开。我觉察到身体需要一种有意识的状态，一种完全统一的状态。我采取一种很直挺的姿势，觉知到整个身体到处都有着同样的能量。身体并不重要，充满身体的能量才是重要的。如果身体允许这种力量发挥作用，它的强度就会高于身体。这股力量来自于我头顶上方，如果我的身体里没有紧张，它就会流过我的身体。它从背部向下，流到两腿间，并且沿着小腹、胸部和头部上升。这种力量有着自己的活动，需要在我的内在有自己的生活。

随后，我会感觉到一种连接的活动发生了。这并不是我主导的活动，但我需要为它的持续发展腾出空间。它变得更强烈、更快速，我感觉到内在的一种转化、一种有着独立生命的能量出现了。为了让这种来自上方的能量流进来并与我融合，我的身体安静下来。这种融合会创造一种新的力量，它是一种更为强烈、更具智慧的能量。它会形成一个像内在身体一样的东西，但只要这种连接消失，这个身体也会随之消失。我们的工作就是创造出这种连接，并通过保持警醒来维系它。为了体会到内在无形身体的真实性，我必须彻底地、完全地为它来服务。

我开始感觉到这个临在几乎就像另一个身体一样。我不会试图去想象它，但当这种印象到来时我也不会拒绝。这个临在开始的时候好像是包含在我的身体里，随后通过一种敞开和扩展，它又好像是把我的身体包含在内了。无论怎样，我都能感觉到它带着自己的机能存在着。这另一个身体有着自己的思想，那不是一种联想式的思维，而是觉察。它有一种洞见、一种觉察力，这是它的特性之一。语言、形象和概念出现了，但却好像是被包含在这种洞见里。语言不是它的属性。这种洞见不会被语言所影响，也不会去影响它们。这里没有紧张。这另一个身体有情感，但那不是情绪而是一种连接的力量、爱的力量。情绪就在旁边，随时准备出现，但它们被包含在了这种情感中。情绪不是这种情感的属性。它不会被情绪所影响，也不会去影响它们。只要我能保持着能量的轴心、保持着重心，我就能以上述的方式体验到临在。正确的感觉是关键，这种感觉是臣服于临在的——我愿意去感受这种临在的法则。这是对一种品质、一种精微度的感觉，就好像是感觉到一个生命诞生了一样。第二个身体对于我的身体来说就是它的真"我"。

111. 一团能量

我渴望觉知到自己的存在。如果我的注意力和平常一样，是涣散的，我感受到的自己就会是一个形体、一种物质、一个人。当我的注意力变得更加精微，感知更加敏锐时，我会觉得自己像一团活动的能量，像一个能量体。活动的微粒形成的能量流过我，它们的活动永无止息。我感觉自己不再是具有固定形体的物质，而是被永无止息的振动所驱动的能量。

我感受到的这种能量好像是有磁性一样，被吸引向一个未知的归宿。我尝试着去观察这种来自不同方向的吸引力。我感受到并没有哪一种能量流是我的想法、我的感受、我的感觉或我的活动。根本就没有个人的想法、个人的感受这回事。实际上只是体现为力量的能量流被某种吸引它并让它稳定下来的东西维持在某个特定的层面上。我必须要超越。

思想的纯净度取决于它被维持在什么样的层面，感受也是如此。在与头脑所信服的一系列信念的反复接触中，我的思想和感受被维持在某个特定的层面，这就是催眠效应。我的各个中心会对侵入我临在的混乱振动所带来的冲击作出反应，无论它多么细微。如果没有与更有意识的力量的连接，这些中心都会被撼动它们的所有大大小小的冲击所左右。如果没有与来自高等层面的能量相连接，我注定会被控制。

为了了解我的本体，我整个的存在都需要在一种全然专注的行动中安静下来。当表面上不再有波动、不再有涟漪，我就可以觉察到深处是否有真实的东西。然后，我会觉察到内在是否有一个像第二个身体一样的临在，我通过感受到它独特的密度、独特的活动来确认它的存在。我无法影响它，但它可以影响我。这个临在好像是独立于我的身体而存在的，但现在它似乎还是附着在我的身体上。我的内在没有哪个部分能认出它——无论是我的身体、我的头脑还是我的心。这些中心没有意识到与临在的连接不仅是可能的，而且是必需的。为了保持与临在的接触，我必须有一个重心来把常"我"与我的核心素质连接在一起。这种层面的力量可以让我保持平衡，并且通过排除互相冲突的力量而带来宁静。它可以给与我们掌控性能量的力量，并且通过打开一扇内在的大门，让性能量承担起一个新的创造性角色。

这个临在，这个有着另一种密度的身体，需要来影响我。我必须与它紧密连接。为了让精微的能量渗透进来和被吸收，一个不会升起反应的空间必须出现。这是一个静默的区域，它可以让临在这个第二身体，带着精微的振动扩展开来。我需要一种自由的、畅行无阻的能量循环。我不会去介入。这种能量会以我所无法理解的形式散布开来。自由的能量循环是通过呼吸发生的，它用空气来滋养临在，给它带来我们觉知不到的活跃元素。这种呼吸是对宇宙力量的一种参与。但这不是一般的呼吸。这种呼吸非常轻盈和精微……就好像临在自己在呼吸一样。

112.敞开的练习

葛吉夫认为有一个练习对于进入另一种素质状态来说是最重要的。如果没有做好准备，我是无法理解这个练习的。而只有当我真正地感觉到它的必要性时我才算准备好。

我喜爱我的身体，为了让它存活、让它舒适、喂饱它和满足它的欲望，我愿意去做任何事情。我从未考虑过我对它的依赖有多强。我也喜爱我的思想、我的头脑，我会竭尽所能来保持它的持续性。我没有觉察到保持持续性对于头脑来说是多么的至关重要，在我的理念中它就是自我的一部分。但要想了解我的真实本性，我只能通过感受，通过一种参与感，一种交流、融合的活动。虽然头脑和身体都有着自己的角色，但感受对于即刻了解我们的本相来说才是最关键的。

我的工作让我能够在内在意识到和感受到一个临在。我却怕自己不知道要如何来面对它。它会把一个我不曾面对的问题摆到我的面前。我不知道要采取什么样的心态，我无法预先知晓。而正是这个问题的生命力可以为我指明道路。

这个练习从意识到我在这里开始。我对自己说："主啊，请慈悲为怀。"每说一次都依次去感觉自己的一个肢体——右臂、右腿、左腿、左臂。我如此重复三次，休息一到两次呼吸的时间。然后，我有意识地呼吸，说："我在。"说"我"的时候，吸进空气中的活跃元素，将它们与之前在四肢中获得的"成果"相混合；说"在"的时候，我呼气，并把这种混合物散布到生殖器周遭的区域。我将第二步也重复三次。

随后，我在吸气时说"我"，在生殖器周遭区域将这些混合物重新找回，并在呼气时将其带入脊柱，说"在"。我再一次开始去填充我的四肢，与空气中的活跃元素混合，将混合物散布到生殖器周遭的区域，然后在这个区域将它们找回并填充到太阳神经丛。我用同样的方式来填充我的头部。这样，我会在周身感受到整个的临在，感受到"我在"。

我以这样的方式滋养临在：吸气时获取活跃的元素，将它们送入双腿和小腹，然后依次是胸部、右臂、左臂和头部。我在内在作出承诺，对自己说："我渴望存有。我渴望并且能够存有。为了让存有状态持续一定的时间，我愿意做任何事情。为了存有，我会采取一切必要的措施来让练习的成果在我内在结晶。为了存有，我愿意做任何事情。"

113. "我"的组成物

再一次，我意识到通过我真正地工作，这种组成物、这种力量在我的内在结晶了。我能感受到它。这种力量在我一切的活动背后，就像是一种精微的临在。它让我可以以另一种方式参与到生活中去，并且与其他的生灵建立起一种不同的关系。但是，即使感受到这股力量出现在我的内在，我也并没有尊重它。我完全没有将自己交托给它。我渴望它出现，我寻求它的帮助，但我却没有给与它它所需要的东西，好让它可以在我内在有自己的生活、自己的形体。我的重心还没有改变。

如果我渴望在内在找到这种"存有的意志",找到这种将临在作为我人生真正意义的意志,我就需要去**觉察我在为谁服务**……不是去思考什么、相信什么或是渴望什么,而是一刻接一刻地去**觉察**。为此,我首先需要在我的身体和葛吉夫称为"'我'的组成物"的材料之间建立起连接。这种组成物分散在身体里。我练习通过头脑将它重新捕获,好让它融化和分解到我的整个有机体里面,而不是固定在某个地方。我对自己说"我",好像可以看到自己吸进这种组成物并看着它融化。然后我说"自己",让这种更为精微的组成物均匀地分布到整个有机体里面,来形成第二个身体。我会将这个过程重复几次。为了觉察所有的材料是否都均匀地分布开来,我体验到一种自上而下的观察,一种在头顶上方对"我"的感觉。我的身体于是就像是处于周遭万事万物之中的一个小物体,就像是草地上的一滴水。我特别觉察到这个"我"才是"自己"真正的智慧,才是"自己"的主宰。而"自己"作为这个"我"的观察内容需要被置于它的观察之下。能有这样两个身体是件最奢侈的事。

当我觉知到吸气的活动以及精微物质在我内在的散布时,我意识到我可以通过我的姿态来让这些物质按照能量通道和与之相应的重心来形成一个个体。我敏锐地去感受这样的姿态,在进行练习时,我觉察到身体和这种精微物质之间已经建立起一种紧密的连接。我可以在身体里感受到这种"我"的组成物。它有着另一种秩序。但现在它还没有自己的力量,不够强大、不够充实。我需要具有一种对它更为持久的整体性觉知。过一段时间,在结晶以后,它就会有力量来掌控我的显化。

工作有着不同的阶段。在现阶段,这个新身体,即星光体的形成是我们工作的根本。在它形成之后,还会有另一个身体。

第三章　自愿的受苦

114. 保持面对

我们要如何向更高的层面敞开？头脑中只要还有丝毫概念或理智上的意义，就不可能有纯粹的觉知。我所知道的最为精微和高等的能量并没有驱动着我。它不在这里。我需要感受到这一点，感受到我的力量被剥夺了，我无法被转化。我没有向一种更高的层面、更高等的思维敞开自己。我必须因这种缺乏而痛苦，必须坚决地保持面对。逐渐地，这会变得比一切都重要。但这需要我完全地交托出自己。小我总是要拿回它的主导权。保持面对就是自愿地受苦。

我们需要重新考虑什么样的内在姿态可以带来意识的转化。我们现在的状态已经跟几年前不尽相同。什么改变了？什么没有改变，而且实际上变得更加稳固了？我们的素质中更为真实的部分是隐藏起来的，因为它是我们寻常的意识所无法企及的。但我们还是可以看到它在一股力量的支持下，坚持要让自身显现，以便将一种形式给与我们的生命。无论它是强是弱，是否被接纳，这种实相都是一个事实。这个事实意味着我们与从前不再是一样的。我们的内在发生了变化。但没有改变的是，我们在面对这个事实时并没有为它承担起相应的责任来。在它面前，我们没有一种有意识的姿态，也无法把它活出来。我们没有认真对待我们的状态，也没有看到这样做会带来的危险。

我们面临一个真正的问题。这里有两种可能性：一种是与我们本体的根本能量所作的连接与融合，另一种是来自常"我"的抗拒，它害怕受苦和被淘汰。在这种情况下我们是怯懦的。我们拖延，我们讨论，我们抱怨，我们没有变得独立起来。但至少我们准备好去面对这一切。我们处于一个转折点，它为我们提供了一个机会。但它也带来了极大的风险，因为以我们现在的状态，是非常容易失败的。我对于这种根本力量的渴望越来越强烈。同时，我在生活中持续关心着自身的幸福，想要满足常"我"的各种贪欲。这种矛盾会让我尝到一种懊悔的滋味。

我不是自由的。我没有准备好。对此质疑会让我觉察到潜意识中的一种抗拒。而我绝对不能强迫自己准备好，或者约束自己。成败不是问题，最重要的是觉察到我是否愿意向这种根本的能量敞开自己。这会带来一种正确而自然的深层放松，以及一种自由。我超越了常"我"的反抗。我素质的提升就取决于我是否能感受到这种能量，并且有能力将这种能量传递给各个中心。如果它们与这种能量整合起来，就会创造出一种统一性，它们会通过分享同一种生命能量来维系这种统一性。上述的放松不是一劳永逸的，我们需要不断地去检验它。这种活动不是出于占有的企图，而是反映了一种爱的行为。

我的各个中心感受到了这种能量，感受到了我的态度。我让出空间，让一种朝向统一的活动发生。它有着自己的平衡、自己的形式。但我的这些中心还不了解它们自己的目标，还不了解它们必须为谁来服务。在每一个中心里总是会在暗地里出现一种自动化的习惯性活动，把这种能量向外界牵引。我需要保持面对，去体验安住在这两种活动之间所带来的挑战，起决定性作用的是来自我注意力的力量。我在面对的是一种法则。我的内在有可能出现一种新的素质状态。但对我来说，它是起伏不定的，因为即使我能够接近这种实相并且被它所触动，我仍然无法真正地欣赏它。我对这种实相没有真正的渴望。我并不热爱它。

115.我必须体验到这种不足

为了接触到高等中心，就必须增加低等中心的能量强度。我必须通过觉察到它们的不足并因此受苦来加强它们的振动，这是一种有意识的受苦。"是的，"我们寻思着，"我知道。我的头脑和身体必须在一起。"但这意味着什么呢？我有感受吗，我能感觉到我头脑里的能量、身体里的能量和内心的能量吗？我能看到它们的活动吗？我要如何才能了解各个中心所要作出的改变呢？

能量不可能保持孤立的状态。它们要么被控制，要么去行动。如果我无法与来自更高层面的能量相连接我就只能被控制。有种能量所具有的品质可以将我的注意力从其他能量的影响中解放出来，我需要连接到这种能量，但这种连接很难建立。我执著于自己的各种反应。我还缺乏一种感受。我需要一种有意识的连接来防止自己被其他能量所左右，还需要一种能够让这种连接持续的感受。为此，我必须保持面对，必须体验到不足的状态。最重要的是我还必须觉察到，在这样的努力中，头脑里和身体里的能量强度从未一致过。所以它们的连接也未曾真的发生过。

在我们工作的整个过程中都会遇到内在的阻力。在每一刻，被确认的东西都会遇到否定，这种否定有时带着暴力。而如果没有这种否定，我们可能就不会有进化的机会，我们的能量也不得到转化。例如，当能量被解放出来，用于一种更深刻的感觉时，一种抗拒就会升起——怀疑、恐惧或其他的负面情绪。这样流经情感中心和理智中心的能量没有能够使这种感觉加强或更为鲜活，而是以一种粗糙和野性的方式振动着。这种能量如果不被转化就会被投入到外在活动中、投入到语言和行动中，从而使我们被削弱。尽管如此，如果在抗拒的力量出现时，我能看穿这种否定，我就可以尝试安住在这两股力量之间,并通过一种特殊的努力将滋养负面情绪的元素与它隔绝开来。如果我的努力足够真诚和充分,就可以接触到另一种情感,另一种情感的能量流。为此,我需要临在于冲突发生的时刻。我需要没有偏向地去经历,这样才能创造出一种更为精微的能量。

我尝试让这种能量在我内在自由流动,赋予我活力,也就是成为我的主宰。在这一过程中,我会知道这需要什么样的条件。我会感受到一些位置总是有紧缩的结,这些地方体现了小我所采取的顽固姿态,我很难将这些结解开。它可能是我面部的愁容、僵硬的颈部、因自满而昂起的头,或是表示拒绝时转到一边的头。我需要了解这些抗拒的藏身之处,在这些地方我的小我保护着自己,它没有被触碰到。

我因自己的不足、自己的无能为力而受苦。我是封闭的,通道不是畅通的。我保持面对,接受"是"与"否"之间的冲突,并因此受苦。我觉察到抗拒、被动性,觉察到自己的气馁,觉察到自己放弃了对**存有**的渴望,让自己走向沉睡的状态。我通过挣扎来保持面对,不是为了获胜,而是为了观察内在持续的变化。在这种坚持中,会发展出一种更高品质的能量,以及一种更为有意识的注意力。对于有意识的感觉,我有一种不断的需求。思维和感觉的能量因这种注意力的活跃力量而得到加强,这会保持住它们之间的连接。当我接受乃至渴望这些令人痛苦的情况时,一种新的感受就出现了。我接受自己的无力,并且因此受苦。在保持面对自己的不足中,能量得到加强并且成为一股让被动力量臣服的主动力量。

116.有意识的挣扎

我们希望觉知到作为第二个身体的内在临在,它必须有自己的生活。它需要对我们的肉身发挥作用,并且不应在肉身过自己的生活时被毁坏。

现在，重要的是让这种能量在内在成长，获得力量。我们必须感受到它需要与高等能量连接。问题是如何让这个新的身体生长，如何吸收精微的振动，直到它们充满我的临在。

我们的工作是保持警醒，觉察到是什么在维系这个身体。这需要我们有意识地保持一种姿态，在这种姿态里，绝大部分的注意力被保持在内在，参与到这种我渴望的渗透活动中来。这种保存能量的练习就是一种创造的行为。觉察内在发生的一切是最重要的。工作成果就来自于这种觉察，来自于向未知敞开与我们机能的反应这二者之间的摩擦。这就是一种"结晶"的开始，某种不可分割的、独特的和永恒的东西开始形成——这就是意志、意识、真"我"。我为了变得完整、变得有意识而清醒过来，带着一种想要**存有**的意志。

第二个身体的组成物是一种精微的智慧，一种高度敏感的东西。它像肉身一样需要食物来生长。只有通过挣扎和有意识的面对一种所需的能量才能出现。当我们的注意力非常专注地面对思维、感受和身体的各种活动时，就会产生一种像电一样的物质。我们为了形成第二个身体必须积累这种物质。这是一条漫长的道路，但我们可以通过有意识的努力和自愿的受苦在内在创造出这种物质。这样这个新身体就会具有影响肉身的可能性。我们在头脑与"兽性"之间、个体性与各种机能之间所进行的持续挣扎是十分重要的，因为我们需要这种有意识的面对所产生的物质。这需要不断地努力，我们一定不能因工作成果显现的缓慢而泄气。

我们内在生来就有一种心灵与肉体间的永恒冲突。它们有着不同的特性——一个想要的是另一个所排斥的。我们必须去面对这种情况，并且自愿地通过我们的工作、我们的意志去加强这种面对，这样一种新的素质才有可能出现。为此我们需要去完成一个任务，那就是要强化这种挣扎。例如，我的有机体对于进食或坐姿有一种习惯性的方式。这就是它的局限，但我拒绝服从它。这就会有一种挣扎,这是一种在"是"和"否"之间自愿的有意识挣扎,它会唤来第三股力量,即真"我",它才是能够带来和解的主人。

　　肉身就是一只动物,心灵就是一个孩子。我们必须教育他们,让他们各归其位。我必须让身体明白它需要臣服而非发号施令。为此我必须觉察到内在发生的一切。我必须了解自己。这样我才能承担与自身潜能相应的任务,行使有意识的意志。我为了自己的素质而在"是"和"否"之间创造出一种挣扎。只有在这个时候工作才算开始。

　　我们对受苦的体验从来都不是自愿的。它是机械性的,是身体这部机器的反应。所谓自愿就是置身于会让自己受苦的情境中并保持面对。一个有意识的人不会再受苦——在意识中它是喜悦的。但这样自愿地受苦对于转化来说是必不可少的。

第十一篇　最根本的本体

第一章　意识到一种错误的姿态

117.工作的不同阶段

我们最根本的本性就是绝对的静止，这是种孕育一切活动的伟大生命力。而同时，我们也是处于活动状态的能量，这种活动永无止息。如果我们的机能能够停顿——哪怕是1秒、2秒或3秒——我们就可以对真正的自我有一个全新的了解。

我们素质的改变来自于能量的转化，这是一项长时间、多阶段的工作。在第一个阶段，我们需要一种观察的状态，一种"关键性的注视"。在这种状态里，我开始觉知到内在的一种错误姿态。这不是一种头脑的诠释，而是一种身体的内在觉知，它会显示出单一中心机能运作的不平衡状态所带来的问题。在第二个阶段，随着我意识到和感受到这种错误的姿态，我会放开阻碍我的东西。这是一种"信任"的状态，它与想要"去做"的状态截然相反。这会让一些固定的东西解体，并且让我摒弃掉把一切都转换为一种客体的思考方式。这意味着接受一切的发生，不去依赖任何头脑的诠释。这样一个占主导地位的"我"就会在身体里出现。在这个阶段，我关注呼吸的重点会从吸气转移到呼气。

第三个阶段以意识到最根本的本体为标志。"我"的结构具有了可渗透性。一切坚固的东西都被消解，并且为了形成第二个身体而重组。在第四个阶段我会信任那些最根本的东西，会认可无形的东西而不去分类或命名。我需要有勇气来承受那种对一切都不再了解的状态，也就是处在本体的光辉之下，并且停留在那里。为此，我们需要不断地冒险，放弃那些深深根植于内在的姿态和信念。

在转化中，关键不在于如何达到一种更为敞开的状态，而在于如何允许它发生。高等能量就在这里。我们的任务并非是刻意地让这种能量在内在出现，刻意地让它流经我们，而是允许它流经我们。如果我不臣服于它的影响，它就无法流过。实际上，我越"努力"，通道就会越堵塞。什么也无法通过。主动和被动的力量一直都存在于我们的内在。我内在想要主动起来的部分，即我那总是想有所收获的头脑需要保持被动的状态。这样，注意力才会是主动的。此时一种情感才会出现，因为它允许一种连接的发生，所以它可以转化一切。

在我的内在，在我的本相中，有一种纯净的临在，那是一种纯净的思维。它含有不计其数的波动，但它的本性是纯净、广阔和无限的。它是完全自给自足的。波动只是波动，不是能量本身。是我创造了这些波动。如果我觉察到这些波动而不试图去阻止它们，它们自己会平息下来，不会打扰我。它们将会安静下来，我将会感受到我的头脑、我的思维的纯净本性。这些波动与能量是一体的，是一回事，但我总是把它们当做其他的东西，当做跟它们无关的东西。能量总是会波动，总是会活动。但波动和能量实际上是一回事。关键是去了解能量本身，了解那纯净的能量。如果我们真正地临在，内在就不会有波动，不会有活动。

118.一种明显的矛盾

我们并非自己所以为的那样。我总是说我在探寻，但实际上我只是在被动地寻找。我对此没有足够的了解。有一些我可以信任的东西丢失了，这些东西是绝对真实的，就好像一种全新的知识，一种可以战胜我惰性的力量。

我需要在内在拥有一种来自宇宙更高层面的力量。它必须成为我本相的一部分。它需要从我的内在发散和辐射出来。但我素质的状态、我意识的状态都让我无法感受到这种力量。我在接收印象的时候产生的反应会制造出幻象，从而将我与实相分隔开来。这会阻碍我保持敞开的状态去全然地感知。我总是有语言、主观的情绪和紧张，这些活动从未停息。我不了解这些活动，无法正确地衡量它们的价值，因此不会出现一种新的秩序、一种自我转化的迹象。我总是把自己当做一个客体，总是想着"自己"，总是在抱怨。这种总是被自我充斥的状态是错误的，它无法教会我任何的东西。

我渴望觉知我的本相，觉知我是谁，我看到自己作出这样的回应："我在这里，这就是我。"但同时，我感受到这不是真的，它不是真正的"我"。但我就是这么认为的。当我说"我"的时候，我觉得自己就是万事万物的中心。我对自己作出肯定。一切只有在与我有关时才存在：我喜欢它们，我不喜欢它们；这对我有益，这对我有害。我把自己与万事万物分隔、区分开来。即使是我想要了解自己的渴望也可能是来自于这种以自我为中心的姿态，来自于我的常"我"。我总是想要去保护和支持这个"我"、这个重心，而它在本质上根本就不是真正的"我"。在对"我"进行肯定的同时，我的内在还有一个部分不会去肯定，不会去提要求——这部分就是一种客观存在的东西。在每一次去肯定的时候，我排斥了自己，也排斥了他人。

我们并非自己所以为的那样。我们的内在对于意识有一种根本性的渴望，它来自于一种天生的需要：让素质达到圆满的状态，这是一种给我们带来转化的渴望。我们知道内在有这种渴望，在某些时刻我们被它所触动。但它对我们来说还不是一个事实，我们那以自我为中心的意识还没有被转化。其实，我们与周遭那些人完全一样，尽管我们认为他们卑鄙、愚蠢、小气、满怀妒忌……但我们像他们一样，对驱动自己的动力都没有觉知，这种动力创造了一种能量流，我们就生活在其中。在我们的各种想法和期望的背后，隐藏着我们自己与他人的不断比较，隐藏着我们对自身优越性的确信。但我们不想看到这一切。我们相信我们可以成功地了解超越我们惯有状态的东西，而不用去考虑我们会遇到的阻碍，甚至都不用去理解我们的念头、感受和行动到底是怎么一回事。这会在我们内在创造出一种虚伪的状态。我们并没有觉察到我们对更高等意识的渴望与驱动我们习惯性行为的动力之间存在的明显矛盾。我们并不认为要找到真相，就必须了解我们思想和行为的源头——我们的常"我"。

我们总是希望不劳而获，但转化只有在我们逐渐做到全然投入时才会发生。我们必须要通过记得自己的努力和自我观察的努力来付出代价，不再相信通过小我可以找到哪怕是片刻的真相。这会给我们带来一种对待自己的全新姿态。最困难的事就是学会如何付出代价。我们付出的与收获的是完全成正比的。为了感受到一种更为精微的临在所具有的权威，我们必须穿越小我的阻隔，穿越头脑反应的阻隔，"我"的观念就是从这里衍生出来的。我们必须付出代价，没有付出，我们什么也得不到。

119.对自我的肯定

我们内在的能量活动是持续性的，它从不止息。它会经过一些强烈放射的阶段，我们称之为紧张；也会经过一些回归内在的阶段，我们称之为放开、放松。不可能有持续的紧张，也不可能有持续的放松。这两个方面就是能量活动的生命所在，也是我们生命的体现。能量以我们的机能为管道，从它在我们内在的源头向外朝着一个目标放射出来。在这样的活动中，这些机能创造了一个中心，我们称之为"我"，我们相信这种向外的放射就是对"我"的肯定。这个"我"被我们的念头和情绪所围绕，它是不可能放松下来的。它活在紧张中，并且被紧张所滋养。

这个常"我"就是我们的小我，它总是被让它高兴的或不高兴的东西，即**"我"**喜欢的东西或**"我"**不喜欢的东西所充满，它因长期处于封闭状态而变得僵化。它总是在渴望、争斗、自我保护、比较和评判。它想要争先，想要被敬仰并让他人感受到它的力量、它的威力。这个"我"是一个存储中心，所有记忆中的体验都被累积在这里。我想要"去做"——去改变、去拥有更多、去提升的渴望就是来自这个中心。我想要成为这个，我想要拥有那个。这个"我"总是想要占有更多。带着野心，带着贪婪，它总是想要变得更好。为什么这个"我"对于有所成就、对于确认这个成就以及不断地把它张扬出来有着如此夸张的需求呢？因为它害怕自己的渺小。认同在本质上难道不也是基于恐惧吗？

这个"我"不断地寻求实现永恒，找到安全感。所以我们认同于各种各样的知识和信仰。我们只知道认同的体验，只会去重视它。但我们无法通过认同来实现永恒。由于我们理性的头脑所具有的局限，这个过程必然会导致冲突。头脑只能思考在时间和形式范畴内的东西，只能思考一些有限的东西。头脑无法想象超越它的东西——在事物的本相层面的东西，它无法带来任何新的东西。而真正的安全感是无法通过逃离头脑来获得的。它只有在头脑真正安静下来时，在充满野心和贪欲的累积行为停止下来时才有可能。

为了看到事物的本相，我必须意识到我的状态不可能是永恒不变的。它每时每刻都在变化着。这种无常的状态就是我的真相。我绝不能寻求回避它，或是把希望寄托在一种看起来会有帮助的僵化的东西上。我必须活着，体验这种无常的状态，并由此继续前行。为此，我必须聆听。但如果我只是聆听我想听的东西，我将永远无法获得自由。我需要去聆听出现的任何东西，为了真正地去聆听，我不能有所排斥。这种聆听的行为、临在的行为才是一种真正的解放。我觉知到我对内在发生的一切所作出的反应。我无法不作出反应,但是为了不被反应所阻碍,我必须要超越它们。我必须继续下去,直到能够了解是我所知道的一切阻碍了我接近真相、接近未知。我必须去感受到所有已知造成的局限,才能从中解脱出来。这样,我追求静默、宁静的目的将不会是为了寻求安全感,而是为了获得接纳未知所需的自由。

当头脑更加自由并真正地安静下来时,我会有一种不安全感,但处于这种状态中却是绝对安全的,因为常"我"已经不在了。我的头脑不再被来自这部分"我"的"去做"的渴望所驱使,不再被它的要求和野心所驱使,即使那看起来是为了我内在的成长。在这种宁静下,所有这个"我"的回应、反应和活动都被抛开了。我的头脑处于休息状态,因看到事物的本相而平静下来。一种秩序被建立起来,我不能再去加强自我,而是需要主动地臣服。我会感受到一种尊重,而后我会突然觉察到,这就是信任。我对这种秩序、这种法则的信心,强过对自我的信心。我将整个的自己全然地交托给它。

120.我的姿态呈现了我的真实的样子

我们在内在围绕着两个不同的重心打转。我们的常"我"作为一个重心总是为了保卫自己的存在而作出反应。而另一个重心才是我们真实的本相,这种实相试图在我们内在显现并通过我们来显化。这两个重心是互相依存的,它们需要彼此。它们之间要如何建立起连接呢?我要采取什么样的姿态才能让一种新的统一状态出现呢?

我需要观察才能发现我的态度是错误的。即使我只是希望意识出现,我的常"我"都会紧张。所以我需要去信任我的另一个重心,这个核心需要我。我认为我相信它,我认为我没有依赖我那以机械的方式行事的常"我"。然而即使是我信任它的方式都反映出一种机械的行为。这并不是说这个"我"本身是不好的，问题在于它会排斥超越它的东西。我需要持续地觉察这一点，直到因此而受到冲击。

　　我在这个身体里的状态要么表现了一种扭曲，要么反映了一种在没有强迫的情况下良好发展的内在形体。我是否活出了真实的样子由以下几个方面综合体现：我身体的姿态、紧张和放松的品质以及它们之间的连接，再加上我的呼吸。我需要不断地去体验这些方面。为此我需要去观察。如果我去观察，我就可以瞥见在头脑或太阳神经丛的能量聚集活动，这种活动打破了我统一的平衡状态。我感受到自己内在重心的定位是有问题的。这时，我会开始意识到自己这种错误的姿态。接下来，我需要强烈地感受到具有全新重心的正确姿态应该是什么样。我需要对此有一个真正的印象，以便日后我还会渴望再找回它。如果我对这个本质层面的重心敏感起来，我将马上会觉察到一种放松的发生。它的发生与正确姿态的出现是同时的。我能相信它吗？我能保持觉察而不去介入吗？

　　我在自己的姿态中展现了自己在此时此地真实的样子。我的常"我"通过腰部以上持续的紧张来展现自己。这是我所信赖的习惯性模式，但在这之中我无法展现自己的真实的样子。只有我思维和感受的那些混乱活动停止下来，我才能够觉察到这种错误的姿态。它们停下来后一个空间出现了……静默。我感受到自己很有活力……更加有活力。我意识到自己完全而彻底地在这里存在着。这种觉知是超越性的，它包含了一切。它包含了我的身体，没有身体我就不可能有这种觉知。我的身体就像一面在反射光的镜子。我看到了超越形式层面的世界，在这样的洞见中，我也看到了形式层面的世界。我感受到一种对**存有**的渴望、一种意识，它将我带到这两种实相的核心，并允许它们继续扮演自己的角色。我感觉到真正的"我"，感觉到"我在"，我的常"我"不再排斥，不再害怕被消灭。它知道了自己为何在此。它找到了自己的位置、自己的目的。

第二章　我内在的实相

121. 一种完全不同的振动

来自各种世界的力量都会经过我，无论那力量是来自最低等的世界，还是最高等的、最纯净的世界。但我对此并不了解。我感受不到这些力量，也没有去为它们服务。要做到这些，我必须将我与我的核心本质之间的阻隔去除，我必须整体地觉察自己。

我的内在有一种我搞不懂的匮乏感、不满足感。它们出现了，我却没有真正地去质询它们的来源，也没有感觉到自己参与其中。我缺乏一种对真正事实的感知，尽管它可以唤醒一种全新的注意力，然而我有的只是反应。我的头脑依然是被动的，它在评判，在索求它所无法获得的东西。我既不了解这种不满足感的实质，也不了解反应的实质。我没有去质疑我的反应，我的感受也没有变化。它之所以没有变化，是因为素质，我的素质没有被包含到整体中来。这种不满足感实际上反映了意识成长的需要，但却被小我所利用。

当我被更高的层面上发生的事件所触动，我会意识到一个我惯有生命状态所无法企及的实相，意识到一种超越已知紧张和放松的难以捉摸的能量。我看到自己在各种形式的紧张与随之而来主动和被动的放松状态间摇摆。而我却从未在思想的、情感的或身体的紧张发生的时候将它们看做紧张。我只看到了紧张的后果：它制造的语言、形象和形式，以及喜欢或排斥反应中的情绪。我看不到紧张本身，看不到这种能量的活动，所以会被它所控制。由于紧张和放松构成了我们所谓的生活，让我们觉得自己是活着的，所以我们热切地执着于它们。好像没有它们一切都会崩溃。但这些活动中隐藏着一些更为真实的东西，我的注意力因为被其他东西占据而看不到它。我要如何才能了解这一点呢？

当我们的注意力回归自身时，我们会觉知到整个身体里的紧张，它们感觉起来就像是一团硬化的物质。但它们还是可以被感觉为不同种类的振动，每一种都有着它自己的速度、自己的密度、自己的声音。一种活动、一种紧张可以被感觉为声音或光，它产生出一种磁力或大或小的能量流。这些振动是混乱的并且会让我们的注意力涣散，并处于黑暗中。我感受到自己被它们所控制，无法脱离。尽管如此，在这种混乱背后，我可能会感受到一种强度完全不同的振动在运作。这种振动更为精微，难以与控制我的那些缓慢振动同频，那些振动太过混乱。但是，有一些东西作出了回应。我感受到一种比我通常的觉知更为光亮、更为智慧的力量。我渴望臣服于它、服务于它。我变得更加敏锐，以便能让自己与它同频。现在，我的紧张似乎变得毫无用处，甚至有些烦人，它们自行消散了。我变得更加容易被渗透，就好像我的每一部分都被调整到与这种精微振动同频的波长上。

我最根本的努力一直就是对"我"的觉知。一切都与触碰我的本质有关。承载这股能量的东西是暂时的。这股能量是永恒的。我在平静下来时就可以意识到这一点，这时的我会有一种纯净的注意力、一种第六感，它会把自己从各种扭曲真相的联想和反应中分离出来。为了触碰我的本质，触碰我内在的生命能量，我需要一种有意识的姿态、一种来自三个中心的动力。这样，我就可以在接收印象时看到我的反应，并且不会迷失其中。这种体验可以稳固下来，在我内在形成一个新的重心。我需要让自己坚持下去。这才是真正的工作，这种投入会产生形成第二个身体所需的材料。

122.真诚

了解自己不是一个概念，不是一种愿望，也不是一种责任。它是一种无法抗拒的感受，而我却无法预知会被它带向何方。我渴望找到真实的自己。我面向质询敞开自己。我看到我的思维是自以为是的，只知道自行其是。然而看到这一点就可以将我从思维中解放出来，同时把能量也解放出来。我能够看到、感受到那种对**存有**的渴望。

为了来到通向实相、未知的门槛前，我需要一种毫无保留的真诚。我通过理性的大脑所知道的一切都被它所局限。为了了解我真实的本性，我需要超越头脑的活动。这并不是意味着去否定它，想要改变它或是反对它。相反，我需要去了解它的机能，并看到它如何局限了我。这样我会去接纳，带着清明与平和，并且具有一种可以让我与未知进行第一次接触的姿态。头脑本身也被我看做是未知的一部分，构成头脑机能的认知功能，头脑调取记忆的功能，也会具有一种新的意义。我觉察到，在用头脑寻求安全感的过程中，我迷失在其中，把自己交给了它。如果我想要了解自己，就需要在每时每刻看到这种局限，并且不被它所蒙骗。

这样的一个时刻可能会到来，我看到自己的无知，我的头脑中不再有记忆的内容——我不知道超越寻常意识状态的我是什么样子，我内在没有任何部分能够知道。只要我没有经历过这样的状态，我对自己的体验就会一直是肤浅的。我的感觉产生于由已知所维系的状态，它不允许我渗入自己内在更深的层面，那里对于我寻常的意识来说是未知的。

我各个中心之间的连接不是靠强迫实现的，为此我需要在当下理解它们缺乏连接的状态，以及由此产生的局限。我可以对感觉有更多的觉知，并且通过放松来对内在的能量有一个更深刻的印象。但我看到我的思维无法真正地与我的感觉相融合。感觉与思维是完全分离的。一种矛盾会在这两个中心之间产生，我越是努力尝试，这种矛盾就越大。我觉得缺少了一些能够带来全新领悟的东西，它是非常关键、非常紧要的。我要如何来评估自己身处的这种情况呢？要去刨根问底吗？

在这种质询中，在面对问题的过程中真诚的价值就会显现出来。在问题升起的时候会有一种对感受的呼唤，它以真诚的形式出现。这时我们需要的是毫无保留的真诚。没有真诚我什么也无法了解。如果我能够更好地面对事实，更好地保持面对的状态，我的感受就会得到更好的净化。我是真诚的。我的感受与思维和感觉相融合，我会体验到一种不同的、统一的状态。我的状态转化了，它超越了常"我"的状态，我放弃了自我意志来顺从空无的意志。在这种主动达到的被动状态中，我实现了自我转化，具有了一种不同的密度。

对毫无保留的真诚的渴望让我能够更加敏锐地聆听自己，并且带领我来到一个门槛前，由此我可以从一种常态的觉知进入一种更加宽广的意识。当我的真诚受到考验时，我对于自己的感受就会受到质疑。它是围绕着什么来运转的呢？我希望离开念头和情绪的势力范围，转而去关注一些更为真实的东西。当我来到未知实相的门槛前时，我观察到我的动力——念头和欲望，是它们在驱动着我的行为。我会有一种新的姿态，一种新的存在方式。但这些都是不确定的。只有在对真诚有迫切的渴望时我才会找到它。

123.信赖

今天我问自己这样一个问题：我信赖过任何的东西吗？什么时候我能感受到信赖，什么时候怀疑又会出现呢？在信赖与怀疑之间有一种持续的往复活动，但我无法对此保持观察或是理解它。我到底缺少了什么呢？

我的念头和情绪，一个接一个，每一个都有着它们的意义和目的，但我却没能发现。其实它们只是一个部分，我临在的一小部分。它们把一股生命力隐藏了起来。当这些念头和情绪出现时，我会臣服于它们，就好像只有它们才是最重要的一样。但是它们并没有那么重要。在理论上接受这一点是一回事，而将它活出来，有实际的体验又是另一回事。我永远无法通过单一的部分而感受到整体。如果能了解整体，我就会更清楚每个部分的位置和重要性。我会知道它为什么在这里。所以我的头脑、我的思维需要看到整体。只要我被局部的活动所占据、所阻碍，我就无法觉察到真相。为了了解真相、了解实相，我需要感受到整体。

我必须在内在体验到和意识到一种我虽然无法怀疑却又几乎无法掌握的实相。它的真实性必须超越一切我所认为的最本质的东西。在这个时候，我内在的信赖就会被触动。这不是一种被灌输进来的信赖，不是一种理想化的信念。在这个时刻，我切实地意识到我已经活出了一些超越我感官感知范围的东西，我通过一种感受知道了这一点，这种感受超越了我寻常对自己的感受。同时，信赖并非是我可以左右的。我感受到内在有一些东西需要被认可，这不是我想出来的，而是当我愿意去聆听时，我感受到了这种东西对我的影响。当我只是思考自己时，我永远也不可能接收到对自己的印象，因为接收这种印象不只需要我头脑的参与。而这种印象恰恰是我最需要的。因获得超越常"我"局限的体验而具有的一种确定感会给我带来信赖。

对我来说这可能吗？如果我进入这种体验，我会立刻发现自己对它有所期待。但其实已经没有什么可期待的了——一切都在这里。尽管如此，我还是继续期待。我期待一种感觉，也就是说期待一些我可以通过身体来了解的东西。我相信我的头脑和身体一定要做些什么。当我意识到这一点，我会忽然发现这种方式本身就有问题，于是我会感受到更多的自由。刚才，好像我的身体和能量完全是两回事。而现在，由于我不再用语言思考，我的头脑不会再执著于这两者之中的任何一方，我的注意力可以包含整体。这会让我获得一种超乎寻常的圆满印象，一种对生命的印象。

不幸的是，念头和语言又出现了。我又开始怀疑。我不再能理解，不再能了解。但我还是渴望去理解。

> 我坐在这里，我了解。
> 我有一个身体，我了解。
> 我有一个临在，我了解。
> 我是生命的一个微粒，我了解。
> 这种信赖影响着我。我倾听着它。

信赖无法被传递。一个生命无法把它给与另一个生命，哪怕是一丁点儿也不行。信赖只能来自于理解。

124.良心的懊悔

在通往内在重生的道路上，真正的爱的情感会让一个人穿越第二道门槛。但在纯净的情感出现之前，一个人必须先学会信赖，并从一种被希望所滋养的力量中获得洞察力。为此，我们必须具有一种全新的智慧和一种了解。这种了解会让我们重新建立起一种价值秩序，在这之中个性会臣服于真正的"我"。

信赖、希望和爱都是素质进化所必需的。但它们只有在自愿性受苦带来真正的高等情感时才能被活出来。感受到良心的懊悔是必要的。自愿性的努力就是为此创造条件，并且保持面对自己的不足——因自己的不足而痛苦。通过这样的途径可以发展出一种其他途径所无法发展出来的意志，还会升起一种非自动化反应的情感。当一个人被一种高等力量触碰到时，对于受苦的体验就会与以往不同。

在我能力不足的时刻，我无法接触到自我的实相，我感受到在我所有的显化背后有一种持续的痛苦，就好像丢失了一种珍贵的东西一样。这是一个信号。直到现在，我的觉知都还不是真正的意识。我一直在用自己普通的机能生活着。现在我知道自己可以走向深入，到达内在更深的层面。在某些时刻我成功地触碰到我的本质，就好像感受到了一个新的重心。这种本质就像一个我必须去滋养和支持的新生婴孩。我需要专注于此，让自己坚持工作。

我越来越多地感受到自己内在对灵性的需求，希望它能够渗透和转化我。但是我的管道还不畅通。我仍然停留在自己的表面，被内在缺乏连接的状态所局限。即使我感觉到一种强烈的情感，我仍然一直停留在表面。只要我不去面对这种状况，我就无法渗透到自己更深的内在。但是当我看到和感受到它，一种痛苦就升起来，那是一种对缺乏、对不足的感受。我愿意去面对这种不足吗？或者说我其实是排斥它的？这种痛苦并非来自于我对自我观念、对自恋的执着，也不是来自于过往的失败。它来自于我自己的漠然、无能，来自于我现有的存在方式。我需要去感受良心的懊悔，这样我就能够清晰地看到这种不足、这种缺乏。

我深深地渴望全然地臣服于内在的一种声音，一种神性的、神圣的感受。我知道一种高等的能量，即宗教中所说的上帝或上主就在我的内在。只有头脑和身体真正连接起来的时候这种能量才会出现。当两股互相对抗的力量被第三种力量统合起来的时候，上帝就出现了。为了统合内在的这些力量，我们可以寻求帮助。为了**存有**，我们可以说："主啊，请慈悲为怀。"

第三章　真"我"的出现

125.对存在的非凡印象

　　我需要真正地意识到内在的两种生命状态。我需要去看到这两种状态的区别：一种是小我主导的状态；另一种是整体的我主导的状态，在这种状态中我会感受到自己是一个整体。我越来越清晰地看到我自以为知道的一切都来自于我的头脑，即使是那些我当做感觉的东西。它们都只是我思维的投射。但在这后面还有另一个超越思维、感受和身体的"我"。我开始了解到这个"我"的存在，了解到意识的一种独特功能——纯净的思维，它能觉察和观察我的常"我"。

　　在我对意识的探寻中，我的小我，我的常"我"如果能够愿意服务而不是要当主人，它就可以成为我努力的支点。但前提是我的各个部分不能分头独立行动而不顾及整体。所以，小我不是在服务和协助我的成长，而是在自我膨胀和阻挡我的道路。

　　我是谁？我无法回答。我看到我不是我的身体。我让它进入被动的状态。我不是我寻常的思维，它也进入被动的状态。在面对这样的质询时，我看到我不是我那以自我为中心的感受，它也进入了被动的状态。我是谁？有一种越来越深的放开、放松发生了。我放开，但不是为了有所收获。我出于一种谦卑而放开，因为我看到仅凭自己，我什么都不是。在这种谦卑的核心，会有一种信任、一种信赖出现。这时，我是宁静的，我是平和的。

在这种更深的放开中，我向腹部至关重要的力量中心敞开，我各种机能的能量之间开始产生连接。这种接触会让我觉得我生命的整体性是安全的。一切都被整合了，一切都归位了。我感觉自己属于一种正确的秩序，我作为一个整体参与其中。我的身体是静止的，没有趋向任何的方向。有一种持续的放松活动在向下朝着我腹部的重心展开。能量在我参与生活时从这个重心流出，在我回归自己的时候又流回来。在这种深度放松的活动中，我觉察到一种能量，它不用我努力，不用我做任何事就可以获得释放、获得解放。它是一种自然发生的结果。我的念头和情绪都无法控制这种能量。它不属于它们。只要我臣服，这种超凡的能量就能够发挥作用。如果我能够接纳它，并且不用控制的行为来排斥对它的体验，这种能量就会转化我。我需要把它活出来并且有意识地臣服于它。这种活动就是我素质的活动。

当我的身体达到一种不再有任何紧张的状态时，我会感受到那种宁静感觉的精微度。它就像个刚出生的生命一样。我也感受到了思维的精微度，它达到了一种层次，可以渗透和记录发生的一切。对于存在，我具有了一种非凡的印象。当我以这样的方式安静下来，完全静止，没有任何紧张时，我会觉得自己的呼吸有一种我从未发觉的重要性，它非常的重要。通过这种动作我参与到生命中来，这种动作比我还重要。我存在于这种活动中，被包含在这种生气勃勃的活动中。不是我的身体在呼吸，是真"我"在呼吸。

126.常"我"的死亡

当我不再把自己看做一个客体，意识不再允许分裂时，我就能记得自己。当我去感受意识时，我感受到我就是意识，我感受到了真"我"。记得自己是在我们内在所有能量发生连接时产生的情感层面的冲击。这会释放出一种创造性的振动，这种振动随即就会受制于七的法则。所以，记得自己是不可能保持稳定的。

在我惯有的状态中，我的体验是含混和模糊的。念头、一波波的情绪和紧张升起来。各种念头并非同时出现，它们一个接一个地到来。情绪也是如此。当一个念头过去了，另一个又会升起。但是这二者之间有一个空隙，一个停顿或一个空间，它非常的重要。在这种周而复始的活动背后，有一种隐藏起来的实相。在这个空隙里我可以觉知到活动背后的东西。念头是无法延续的。出现的东西一定会消失。这种消失与出现一样重要。这是同一个事实的不同面向。如果我体验到这二者，接纳它们，我就会超越出现和消失。我能包容它们。这时，我的各个中心之间就会产生连接，这种连接是自行发生的。

向我们的核心素质、向高等中心敞开需要一种统一的状态。但是，在我们通常的状态下，我们总是为了小我的利益而排斥我们的重心，并把它移向身体的上部。这会切断我们与真正自我的连接。这种与我们真实本性的分裂会带来痛苦。当这种痛苦足够强烈时，它会让我敞开，让一种朝向统一的状态的活动发生。我们必须作个决定，下决心跟随核心本质的呼唤前行。如果我们想要有能力去服务和展现一股超越我们的力量，我们就需要与核心本质保持一种持续的接触。我们需要在小我的层面上死去以便能在另一个层面上重生。

我渴望敞开。我觉得我需要用自己既有的状态去冒险。我觉得我需要静默，一种真正的静默，还需要一种虚空。同时，我又想要去攫取，去拥有，以便能够以我通常的方式维系生活。我不愿臣服，不愿认可，不愿服务。我想要服务于自己。我需要接纳这样的事实，体验到它，因它而受苦，而不是去寻找出路。现在就解决这个问题将会是一种逃避，一种对无法回避的东西的漠视。我感受到自己是封闭的、漠然的。我感受到这种实相在呼唤我，但同时，我并不信任它。我对它没有信赖。我想要让它屈服于我。我很害怕，怕会消失。

为了让自己穿越这种与内在核心本质分裂、分离的状态，我内在所有的能量都需要协调起来。它们需要被彻底地解放。但我是否看到了这样做的必要性呢？我是否接受它、渴望它呢？为此，我需要一种绝对的宁静出现在自己所有的部分里。这不是为了让自己成功，或接收和占有一些非凡的东西，而是为了看到自己的渺小、执著和对失去我赋予自身的价值的恐惧。我不应该总是想要让自己是正确的，而应该看到我的矛盾，看到我被自己的想象所催眠。我可以同时看到一切，无论是我的小我还是真正的"我"。

看到这些，我就把自己解放出来。在这个片刻里，我完全不同了。这时，我自由的注意力，我的意识就会了解我真正的本相。这就是常"我"的死亡。记得自己意味着让自我死去，让自己的想象死去。通过对缺乏理解的觉知，我尝到了理解的滋味。在记得自己的过程中，只有放下小我才能让一种新的意识渗透进来。这时，我会看到小我就是一个幻影，一种自我的投射。实际上，一切我所认为的显化都不是独立的，而是核心素质的一种投射。回到本源，我觉知到一种不起不落、不生不灭的品质——这就是永恒的本我。

127.我觉察到实相

为了能接收和转化来自更高层面的能量，我必须有一个内在的机体，它就像是独立生活的另一个身体一样。它里面的每个部分都在努力维系这个整体，没有任何一个部分会独立地只为自己工作，这与我们肉身中的情况是一样的。这就是我们所有的中心里应有的状态。它们的运作需要致力于确保临在的存活，临在是个与高等中心相连接的机体。一种新的秩序需要被建立起来。为此，我必须将精微的与粗糙的东西分开，不是去歧视，不是去评判，而是让它们截然分开，直到前者可以在后者中开始自己的生活。这会创造一种新的循环，一种比寻常主观情感更纯净的情感能量流。如果我能够深层地放松，一种更为精微的能量就可以在我内在自由流转。于是，我会感受到临在就像一个磁场一样。我觉得自己需要有一种有意识的感觉，并且为内在的素质让出空间。

当我头脑中还有形象和评判的时候，了解就不可能发生。只有自动化的念头和主观的感受暂停时，了解才会发生，这时会出现一种能给注意力带来自由的宁静。由于我有了解和觉察的需求，所以我的注意力会去与事物的本相连接。在这种连接中会有一个调和的动作发生，这种动作会带来一种有着自己生命和节奏的临在。我觉察到持续的二元对立，分裂和矛盾会阻碍这种调和，妨碍统一。随着我觉察到这些，能量就被转化了。

当头脑和身体都完全平静下来时，既没有念头也没有活动……只有事实，只有事物的本相，只有超越苦乐的事实。这种对实相的体验绝不可能是机械的。它无法通过一个想法或一个评判而获得，因为想法或评判被我们当成事实后就会替代我们想要了解的东西。事实会教导我们。为了跟随它的教导，我们必须高度专注地聆听和观察。如果我在聆听或观察的背后有所企图，注意力就会涣散。我们通常的痛苦来自于一个自行生长的念头，它形成了常"我"。这个"我"就像是一个以念头和感受为食的机器。看到这个实相会毁坏这个机器。只有对实相的意识才会带来领悟，这是一种没有选择性的意识，它涵盖了所有的念头和感受，以及它们的动机和运作。这不是依靠某个的系统或方法可以做到的。觉察到自己内在不断变化的事实才是重点，而非去寻求超越。不带任何理论或结论，如实地意识到自我就是一种静心。在我们的念头和感受生生灭灭时，我们进入了另一个境界。一种超越时间的活动出现了，这是思维所无法了解的。我们不再寻求体验，不再对体验有任何的指望。

我内在发生的转化是另一种思维和感受给我的意识带来的转化。这种转化只有在一种纯净的洞见中才会发生，它会像奇迹一样彻底将我改变。在一刻接一刻觉察到自己本相的过程中，我放弃了所有的伪装。我全然地投入进来，包括我的感受、我的思维、我的身体，每一个部分都非常地活跃。在这样的条件下觉察发生了。一种被释放出来的能量本身就可以给我力量，让我深入地看进内在，不会逃避，也不会半途而废。

对我来说**觉察是**非常重要的，我去觉察的时候不应带有基于记忆的反应，也不应在乎到底觉察到了什么。无论事实是什么——野心、妒忌、排斥，觉察的行为都会彰显出无穷的力量。当事实本身呈现出来时，我们不仅会了解到这个事实，还会了解到觉察的行为产生的后果——意识的改变。觉察的行为带来了这种改变，我觉察到的真相也会转化我对生命的态度。意识敞开了——我觉察到了。我觉察到了实相，这对我来说是至高无上的。我对真相有了一种带着情感的理解。

实相没有持续性。它超越了时间，不在时间的范围之内。它只能在当下被看到，然后被忘记，无法被当做往事记忆下来。这种感知会消失，但它可能在第二天，甚至是下一刻再度出现，因为头脑已经不会被任何东西所局限了。

128.临在的辐射

我的素质有一个本源，这是一个生气勃勃的源头，一个生命的源头。我有一种思维方式，它会把物质与能量分开，把身体与灵性分开。没有一种东西是独立存在的。生命是统一的。我在创造的同时也被创造，这两个角色没有任何分别。在我的帮助下，一个新的身体可以被创造出来，我内在唯一的生命力可以通过它来让我感受到它的影响。

我总是错误地试图强行接触到素质，好像我可以强迫它出现一样。实际的情况却正好相反。素质会不断地努力接近意识之光。意识之光也需要一个能让它辐射出来的通道。但在这个过程中，它会遇到小我的硬壳并被它阻挡。为了让素质发挥作用，需要先出现一种空无，我在其中会感觉到一种精微的振动。只有在虚空中，素质的活跃力量才能被感受到，这里不能有任何紧张或混乱的活动，它们都是小我不惜代价来证明身份和确认权威时所导致的。每一份紧张，都是小我的对自己的证明。在每一份紧张中，整个的我都被牵扯进去。

我现在明白了有意识的感觉是臣服于高等力量的第一个信号，是迈向真正的感受的第一步。在这里，我瞥见了一种直接感知的可能性。我那个专横的"我"臣服了，不再控制，不再试图去表现它的力量。我感受到另一种力量，它不是我所拥有的一种威力，它就是我的本相。这时，会出现一种来自高等情感能量流的能量，它的吸引力对于愿意臣服的人来说是无法抗拒的。所有的修行体系都把这种能量，这种流经我们的宇宙力量称为"爱"。

当我不再假装了解时，我的心会变得稳定而纯净，能够权衡对立的两极，也就是具有了**了解**的能力。当我感受到自己对于接收素质的影响所具有的迫切需要和真心渴望时，我就能把这种感受传递给所有的中心，这样它们就能整合成一个整体。这会创造出一种气层，它就像一个薄薄的、灵敏的过滤层，可以捕获某些只有它能够接触到的东西，并且让一些最精微的元素渗透进来。这种气层不是一堵墙——小我形成的墙已经倒了。它就像一个可以意识到自身任务的过滤层。一切都取决于这个过滤层的精细程度，它的品质和稳定性可以作为我探寻之路上的目标。

这种气层对于让我的素质发挥作用是必需的。它就像是一种具有不同强度的新的循环，通过它我可以觉知到一种对真相、对实相的纯净情感能量流。这种能量流可以为整体充电，但它只有在我所有中心的注意力都统一起来时才会出现。我需要具有这种统一状态才能够了解自己。

我必须从常"我"的势力范围内逃脱出来，让我的硬壳融化，这样生命才能在我内在扩展开来，我才能吸收来自我素质的辐射。这样，就不再有身体和临在之分。它们是合一的、相同的，都源自一种精微临在的辐射。我通过与自己及一切生命的本源进行的不断更新的接触，体验到这种辐射。另一个"我"出现了，它通过我的肉身展现出来——这种临在是由另一种物质所构成的。

第十二篇　把教导活出来

第一章　创造性的行为

129. "我在"活动

我们的行动、我们的活动是从哪里来的呢？当各个中心没有连接的时候，我只能去作出反应。在通常状态下，我们的各个中心没有共同的想法、共同的目标、共同的觉察。真正的行动来自于一种超越我们普通机能的状态。

我们的内在有一种持续的能量活动，它从不止息，并衍生出所有其他种类的能量活动。每一个活动都是从一种姿势或姿态向另一种姿势或姿态的移动。我们从来没有同时看到姿势和移动。我们要么专注于姿势而忽视了活动，要么聚焦于活动而失去了对姿势的观察。所以，我们可以预见一个活动并启动它，但却无法跟随它。

跟随一个活动需要一种内在的觉察。通常我用于观察的能量是被动的，我的注意力是不自由的。我通过一个形象、一个概念去观察，因此并没真正地觉察。我也许会感觉到自己的身体，但却感受不到它里面所包含的能量活动。要感受到这种活动，身体的状态必须改变。头脑和心的状态也必须改变。身体必须具有极高的敏感度以及一种它所完全未知的行动力。它必须意识到它在这里是来服务的，各种力量需要通过它这种物质、这个工具来行动。身体必须了解它需要服从，它与头脑之间的互相理解是绝对必需的。这样一种全新的活动才会发生——一种自由的活动。这种活动没有我,没有我的注意力是不会发生的。我的注意力越是全然,这种活动就越是自由。

为了在我们的各个中心之间保持一种连接,我们必须采取一种具有一定节奏、一定速度的行动。但我们总是以自己习惯的速度活动,它的节奏是惰性的,没有活跃的吸引力。这种行动并没有得到我所有部分的参与。要么是身体没有完全参与,致使头脑也失去了它的自由;要么是头脑不够活跃,致使身体仍旧依它的习惯行事。因此,我们的行动没有创造出任何新的、有活力的东西,没有创造出任何"响动"。

葛吉夫的律动展示了一种全新品质的行动,在律动中节奏是既定的,我们必须服从于它。在我们自己的工作中,我们也需要找到正确的节奏,然后同样地去服从于它。否则工作将无法为我们带来转化。我需要感觉到我的身体和头脑有着同等的参与度、同等的力量、同等的能量强度。这样,对**身体里**所包含能量的感觉就会强过对**身体本身**的感觉。我就可以去跟随能量的活动。"我在"活动。

130.行动中的奇迹

我们聚集在一起,在一些具体的活动中练习临在。我们被对奇迹的渴望吸引至此,但却发现自己做着诸如建筑、清洁、烹饪或陶艺等平凡的工作。我们要如何把奇迹和生活结合起来呢?通过行动。没有行动就没有奇迹,也没有生活。

当我们思考一个行动时,我们从未想过行动本身、行动的品质可以有什么根本的区别。我们可以清晰地看出木头和金属的不同,我们不会出错。但我们却不了解行动在品质上的差异有可能跟不同材质之间的差异是一样大的。我们觉察不到参与我们行动的各种力量。当然,我们知道我们的行动意味着要达到一个目标,我们期待行动会产生结果。我们总是想着目标，想着结果，但从未思考过行动本身。目标对于行动没有决定性的影响。参与一个行动的力量所具有的品质决定了这个行动是自动化的还是创造性的。奇迹在于让一股有意识的力量参与到行动中来，这股力量会了解为什么要行动以及要如何行动。

每一个行为，我们所做的一切——做木匠或石匠的工作、做饭或制作艺术品，乃至思考——都有可能是自动化的，也有可能是创造性的。在我习惯的状态中，我总是通过重复来开展工作。当我不得不进行创造的时候，我首先会做的事就是收集关于这个主题的记忆。随后，我会把所有相关的经验和知识放在一起以便进行下一步的工作。我的头脑会加入进来，我的身体会跟从，我不时地也会有些兴致。但这一切都只是自动化的，我内在的某个部分了解这一点。这个行动没必要一定按照某种特定的方式去进行，我可以以一种自己喜欢的节奏进行。我可能会成功地完成一些事，但这之中不具有改变我的力量。这之中没有真正的行动力、创造力。

当我的行动不再重复而是全新的时，情况就会完全不同。我的行为只是对我此刻意识到的需求在当下所作的回应。这样，就只可能有一种速度，任何其他的节奏都取代不了它。在一个创造性的行动中，这种节奏来自于一种强大的生命力，它是我所臣服的一种真相。这种力量可以觉察到需要做些什么，并且可以指挥我的头脑和身体。它会创造出一个行为和一个目标，其中包含了强大的活力和智慧。它可以做到"言既出，行必果"。

为了能够以这种方式行动，我需要自由，不带任何的形象或概念，不让思想陷入回忆。自由不是从某种东西中解脱出来，而是能够自由地临在于当下，临在于一个以前从未存在过的片刻。行动是即刻的，没有思想的介入。我总是保持不知道的状态，总是去学习。一切总是新的。为了了解，我必须具有观察所需的自由。思维是静默的，完全地静默、自由。它在觉察。在这样的状态中，我们可以用自己所有的部分来理解和采取行动。我们甚至可以与他人一起行动，但在这样的时刻，所有人都必须有着同样的认真程度和能量强度。

一个行动取决于在每一刻的动作中我的能量如何参与。我必须在行动的时候对此有所觉知，并且去感受能量正在向着它的目标活动。一旦这种活动开始了，我就无法再介入。已经启动的东西不再受我控制。什么也阻止不了它带来相应的后果——无论那个结果是好是坏，是重是轻，是纯粹的还是被扭曲的。一切都取决于我各个中心在行动时的协作状态。每一个行为都需要我的身体具有某种自由度，需要我思想集中，还需要我对所做之事有兴趣、有热情。这会给我带来一种全新的生活方式。

131.通过素质来获得效果

让我们来尝试理解一种创造的状态。在这种状态中我们了解了事物的本相——不是它们可能的样子，不是它们应该的样子，也不是我们所命名的东西……就只是事物的本相。

我们是否能够了解一种不会加强我们小我的状态呢？所有会加强小我的东西都会带来分裂、隔绝。这包括所有我们已经拥有的体验和正在经历的体验，我们总是为它们加上一个名称。我们记录印象，并对所见所感的东西作出反应。这个反应的过程就是我们所经历的体验。我们会为我们的反应命名。因为如果我们不去命名，它对于我们来说就不算是个体验。我们有没有可能接收印象却没有体验，处在一种"无体验"的状态中呢？因为只有这时，当我们完全静止，小我不在时，创造才能开始。

在尝试有效地采取行动的过程中，我会去分辨两种感觉——一种感觉带着紧张，其中的能量是阻滞的；另一种感觉则不带紧张，其中的能量是自由的。在工作时，我可以尝试像我通常那样通过获得更多或做得更好来取得成功。或者我可以尝试另一种方式，通过我的素质来让行动更加有效。当我做一件不熟悉的事情时，会有一个需要达成的目标或目的，这样会带来紧张。我的常"我"既渴望成功,又感觉力不从心。我是分裂的,我不惜一切代价,想要使我的身份得到认可。小我在阻碍着我。紧张会妨碍我以正确的方式去做我需要做的事情。我要看到这一点。紧张的程度决定了我是否能够对我的素质以及行动的目标保持觉知。

在参与一个行动时,我所寻求的不是使我的表现变得完美,而是通过我的素质来取得成效。我素质和目标的真正连接取决于我是否能够在采取行动的时候不让小我参与。去看清这一点非常重要。随后,我需要找到一种不会被小我的干扰所破坏的统一感受。我需要到达一种境界:不再有紧张,我和目标不再是分离的,我的小我不再想要被认可。

我无法基于强迫、恐惧或对回报的追求来达到完全的静止状态,达到没有小我参与的状态,达到"无体验"的状态。我需要了解"我"在各个层面的运作,从自动化的活动到最有深度的智慧。我必须看到思维要么在它自己构筑的牢笼里打转,要么完全地安静下来,但无论在哪种状态下,头脑都没有创造所需的力量。只有当头脑不试图去创造时,创造才可能发生。但这不是我们可以预先知晓的。没有任何的信念、知识、体验可以帮得上忙。这一切都必须消失,必须被放弃。贫乏的状态很重要——知识的贫乏,信念的贫乏……一切小我范畴内之物的贫乏。只要我了解到这一点,整体地看到这个运作过程,我就可以放开这一切。我必须跟我的思想、感受和行动在一起,一刻接一刻地持续观察,保持被动、清明……如如不动。

132.全新的东西

创造是一种全新事物的出现。它不是把记忆中已经存在的东西投射出来,也不是对已知的重复。创造只有在面对未知时才会出现。然而,从未知出发去行动,接受不知的状态是很难的。这会让我觉得自己被剥夺了

"做"的能力,也就是说,无法再去证明我的常"我"有多么重要和优越。

我寻求让自己从这种不知的感受中转移开来。我在记忆中搜寻能帮助我理解的资源。但是,当我能够不再逃避这种不知的状态时,当我能够如实地去面对,不再试图给出一个让我满意的意义时,我就会脱离小我导致的分裂状态。这样,新的东西就会被创造出来。这个事实就是真相,真相是无法被诠释的。一种连接出现了,这种连接就是一种创造的行为。在面对未知事物、面对无法理解的事物时,我的头脑沉默了,在这种静默中我发现了真实的东西。创造的行为就蕴含在这种觉察的行为中。不带念头地去觉察就会发现真相。

依照相关的法则,一个真正的行动取决于这样的两极:创造这个行动的空无,以及这个行动的自由度和所用的能量。在一个创造的行为中,内化的活动超过了外显的活动。为了让向内的活动得以持续,就必须有一个自由的空间,它感觉起来就像是一个"空无"——没有小我的存在。这是一个精微振动组成的世界,我们可以通过感觉来渗透其中。感觉就是对这些振动的感知。在没有紧张的静止状态中我能够体验到这种感觉的精微度。当头脑变得被动,只是作为一个见证人记录发生的事情时,我就能感受到心灵的精微度。这时,一种存在的感觉出现了,这是一种还未曾开始活动的潜在生命力。如果我能够感知哪怕是一瞬间的这种感觉,就足以让我了解在"静止的"变为"活动的",也就是第一次自发振动产生的那一刻到底发生了什么。这种弥漫的存在感有它自己的味道,并且能带来一种消除所有疑惑的确定性。这是一种极其重要的从不存有状态向着本体的回归。这种不可思议的状态就在这里……等我意识到它,并出于害怕失去的恐惧而赋予它一个名字和一种形式时,这种感觉就会退去。

在日常生活中,我们可以用已知的元素去组合和构建。但如果要创造,就必须通过自愿的死亡、小我的死亡来获得解放。具有创造性的洞见只属于那些敢于望向自己内在深处,深入到空无之境的人。在这里,他会看到一张由持续的内化和显化活动组成的网，在网中人不得不直面自己。我们是生活旋风里那个平静的中心，只有内在的生活才能给我们带来真正的益处。这样，我们可以不带执著地去做任何事情，仿佛我们没什么可做的，可以生活在任何需要的地方。所有的事情都在生命之流的带动下自行发生。

当我们具有一种真正自由的思维时，我们就可以以一种全新的方式面对生活，包括像疾病和贫困这样的挑战。我们可以将这些问题看做是整个存在的特定面向，而非与整个存在相分离的东西。如果我能够以一个一切都相互连接的世界作为背景来理解整个的存在，我将会明白为了转化外在的事物，我必须转化自己。随着内在品质的提升，我会渴望参与到这个一体世界中更高等的部分里。这样，我就可以把自己所过的生活当做一个事实来接纳，并自愿地承担起在这之中被赋予的角色。于是我就会理解在整个存在里所进行的努力中我需要担当的那一部分。

第二章　警醒的姿态

133.静心不是冥想

几千年来，人类的大脑都受到局限，从核心到外围，从外围到核心，来来回回地持续活动。这种活动怎样才能停止呢？如果它能停下来，一种没有局限、没有缘起、无始无终的能量就会出现。为此，我首先必须要创造一种秩序——要把房间清理好，这是一个需要全然的注意力的工作。身体必须变得非常敏感，头脑要完全放空，没有任何欲望。理解不是来自于一种想要拥有或想要成为什么的努力，它只有在心灵平静下来时才会产生。

我们真实的本性是一种未知的东西，由于它没有具体的形式，因而无法给它命名。我们可以在两个念头或是两个感知之间感觉到它的存在。这些停顿的时刻会让我们向一种没有终结的永恒临在敞开。通常我们不相信这种临在，因为我们认为没有具体形式的东西是不真实的。这样我们就会错过体验本体的机会。

我们对渺小感的恐惧推动我们去填充空无，去渴望拥有或成为什么。这种恐惧，无论是有意识的还是无意识的，都会让我们丧失**存有**的机会。我们无法通过一种刻意的行为或想要解放自己的努力来消除这种恐惧。用一个欲望对抗另一个欲望只会带来抗拒，而抗拒是无法带来理解的。只有通过警醒，通过觉知恐惧才能给我们带来解脱。我们必须看穿自己体验到的那些相互矛盾的欲望。我们不是要专注于某一个欲望，而是要把自己从贪婪引发的冲突中解脱出来。

最高等的智慧形式就是静心的状态，这种高度的警醒会将头脑从它的反应中解放出来，如果没有任何刻意的介入，这本身就会带来一种宁静的状态。静心需要一种非凡的能量，只有我们内在没有冲突，所有的理想、信念、希望和恐惧都完全消失的时候，这种能量才会出现。这时出现的状态不是冥想，而是一种特别的注意力状态，在这种状态中不再有"我"的感觉，不再有一个人参与到体验中并与之认同。所以也就没有所谓的体验。如果一个人想要了解真相、了解上帝、了解超越人类头脑局限的境界，就必须对上述状态有最为深入的理解。

在这种警醒的状态中，我什么都不做，但我临在于这里。头脑处于一种特别的专注状态——清明，并且能够清晰地观察，不再会因我的想法、我的感受、我的行为去有所选择。头脑的专注不再受到任何的局限。这种状态会带来宁静，当头脑完全平静下来，没有任何幻象时，"一些东西"就会形成。它不是头脑创造出来的，无法用语言来描述。

134.不带恐惧地敞开

头脑是我用来获得了解的工具，但是它无法通过一些方法或纪律，通过压抑或添加，或是通过改变来了解真相。它所能做的就是保持安静，不带任何的企图，哪怕是了解真相的企图。这非常困难，因为我总是相信我可以通过做些什么来体验到真相。而唯一重要的就是我的头脑能够处于自由的状态，不受阻碍，不受局限。我需要一种极为警醒的状态，没有任何的追求，没有任何的期待，只是活在当下。这种警醒才是头脑恰当的活动，才是它力量的所在。我们把这种状态称为专注。在这种状态中我成为纯净的注意力。这时，真相就会向我显露出来。

我们要如何来理解葛吉夫的教导呢？

我们存在的品质取决于我们素质的状态，我们活在这样的状态中，整个的生活都被某些力量所局限和控制。我们被约束着，被某种思想、感受和行为所禁锢。当我们意识到这种状态的局限时，就会感受到改变的需要。这时我们会遇到第一个真正来自内在的问题：素质能够改变吗？这种初次对是非的分辨标志着一种意识的改变。

自我观察会让有意识的努力成为可能。这需要一种对待自己的全新姿态，需要我各个中心之间有种全新的连接，这是一种新的内在结构。我必须记得自己才能够观察自己。我在一种状态中可以观察，而换一种状态就无法观察。如果我能够真诚地接受不知的状态，我就可以观察。但如果我被宣称有一个"我"存在的谎言所蒙蔽，我就无法观察。如果我带着自我的观念去观察，我的念头和感受就都会围绕着这个"我"的幻象。这会阻碍我的觉知扩展到对我整个素质的意识中。

我内在可以改变的是对自我的觉知，自我观察只有在与让意识显现这个目标相关联时才会产生效果。我需要觉察到自己是活着的，需要觉察到自己所有的部分。这需要一种自由的状态，在这种状态里我能够开始更加真实地感受到我素质中另一些未知的部分。我们追寻的是一种新的秩序，一种成为本体的全新状态，在这种状态中身体和它的属性，即我的各种机能都会臣服于一种能够赋予它们活力的高等力量。为此我们需要在"是"与"否"之间进行挣扎，需要让意志力出现。这会创造出第二个身体，这种内在的形体会给我们的生活带来全新的形式。

我们工作的进展有时多一些，有时少一些。我们无法理解在内在发生了什么。我们期待某种情况发生，并且相信它将会是我们努力的成果。我们相信自己可以强行开辟一条通往素质的道路，但事实却恰好相反。素质一直在我们的内在运作，试图突破小我的坚硬外壳，进入意识之光中。能够激发人类意志力的首要动力就是素质向着意识之光前进的这种努力。所以并非是我们的努力创造了对素质的体验。这些努力只是在铺路。这种体验不是我们行动的结果，而是事物本相自行的展现。如果我们要不停地重复我们的努力——它们确实需要重复进行，那么它的方向将会是学习让本体的实相显现。

我们渴望不带恐惧的敞开，渴望持续的而非一两次的敞开，直到我们觉察到是来自小我的力量将我们与生命分开。我们冒险去敞开自己来了解本体想要让我们感受到的一些信号。我们学习不再把自己当做衡量一切的标准和我们生命的主人。我们开始感受到自己参与到一个宏大的统一体中，参与到一个宏大的**整体**中。

135.警觉性是我们真正的目标

我们无法改变自己身体的、机体的结构。我们的活动和姿态都受到局限。我们的感受和思想也同样受到局限。实际上，我们发现我们被自身的局限囚禁在一个狭窄的范围里。只有觉察的行为能够改变这种完全没有自由的状态。这样，我们才有可能让意识显现。

我可以用我的双眼看到自己，我也可以通过一种内在的观察去看自己。我是否能变得有意识，是否能了解自己的本相就取决于我是否能够在我的内在找到这种内在的观察。这种观察来自于一个新的形体，这是一个内在的身体，它需要与我的肉身相连接。只有当这种观察出现，并将我的自动反应系统置于它的视线里时，所需的连接才能被建立起来。只有通过这种反复出现和消失的连接，我才能了解自己的本相。这种连接不是一种盲目的交托，而是一种有意识的给与。我有一种持续的觉察，同时还有一种不带抗拒和紧张的放开、回撤。这需要一种尽可能全然的注意力，它的出现需要一种极深的宁静。我们需要记得我们不可能脱离任何的连接而存在，我们总是身处于某种连接之中。我们要么与高等的东西相连接，要么被低等的东西所控制。这是一种在不同力量之间的挣扎。

我希望把自己作为一个整体来了解。所以我会尝试去望向自己的内在，并且变得警觉起来。警觉性是我们真正的目标。如果我们在单独或团体工作中没有带着警醒，工作将不会有任何的效果——我们会被这样或那样的东西所控制。我必须通过密集地努力来保持警觉的状态，因为一切都取决于它。同时，我渴望走向生活，并在这样做的时候迷失了自己。是的，我渴望迷失自己。但我并不知道这意味着什么。我总认为是某种邪恶的认同控制了我，某种糟糕的生活控制了我，但这不是真的。是我迎上去的。那里面有我喜欢的东西。但我却不知道为什么会喜欢它。我需要看到问题的关键——一切都在于**我**，而非外在的东西。因此，我首先要具有这种警觉性，一直临在于这里。当我能够真正地保持这样的姿态时，我的生命将会完全不同。

我要如何在向一种实相敞开的同时来面对和投入我的生活呢？最关键的是这种向存有的、存在的事实敞开自己的活动，没有它我就不会觉醒。障碍在于我的头脑总是被占据。不要以为意识到这一点就一劳永逸了。我必须真切地去体验这种状态，直到我所有的念头、感受和行为都能够在不受任何排斥和指责的情况下被置于我的注意力之下。为此，我需要一种内在的空间和一种自由的注意力。只有注意力处于自由状态时真正的觉察才会发生。

这种对内在发生之事的持续觉察就是一种结晶的开始，一种不可分割的、个体性的东西开始形成。这种觉察越清晰，印象越鲜活，我们思想和感受的转化也就越大。当它们相互连接时，思想是清明的，感受是明确的和细腻的。这样我们就能敞开自己并且将自己完全置于高等力量的影响之下。我们需要感受到良心的懊悔，这种感受是具有启发性的，它会让我们觉察到自己的缺乏。只有带着这种懊悔的感受我们才能开始清晰地觉察。

在内在空间里的清明状态和观察会消除各种形式的局限。清明就是觉知到自己是如何走路、如何坐着、如何使用双手，以及聆听自己说话的方式和使用的词汇。清明就是在清晰、完整和没有局限的注意力之下去观察我们所有的念头、感受和反应。清明就是全然地觉知到自己。

136.来自高处的观察

警醒的态度会引领我们走向更为客观的生活。我们很难接受这样的理念：在拥有一种客观的生活的同时又拥有个人的生活，也就是主观的、个性化的生活。让我们更加难以接受的是，在某种程度上，我们不得不以我们的个人生活作为所要付出的代价。当然，我们不可能不是个人化的——我们有着主观性，有着自己的身体、自己的好恶，有着个人的感受。这种主观的生活会一直持续。而我必须去了解它、体验它。我主观的生活是我真实的样子，它就是我。同时，在我与内在某种东西连接时我能够变得客观起来。如果我还想要向高等的东西敞开，我主观的生活就必须被置于恰当的位置，我有时会多给它一些空间，有时会少给一些。我无法依靠我所有的弱点来获得新的力量。如果不牺牲我的焦虑和紧张，我就无法进入宁静的状态。如果我不牺牲束缚注意力的东西，我就无法具有自由的注意力。我所渴望的一切都需要付出代价。如果我渴望一种新的状态，我就需要牺牲旧有的状态。我们舍弃多少就会得到多少。我们的收获与所作的牺牲是成正比的。

过上更为客观的生活需要一种客观的思维——这是一种来自**上方**的观察，它是自由的，具有觉察的能力。没有这种对自己的观察，看不到自己，我在生活中就会像一个盲目的人一样被一股动力驱动着，却不明白是怎么一回事。没有这种对自己的观察，我就无法了解我是存在的。

我有能力上升到高于自己的地方并自由地觉察自己……也让自己被觉察到。我的思想有能力获得自由。但为此它必须摆脱所有禁锢它，使它被动的联想。它必须砍断把它束缚在形象和形式的世界里的绳索。它必须把自己从来自内心感受的不断吸引中解放出来。它必须**感受到**它有力量抵抗这种吸引,并在逐渐超越它的过程中觉察它。在这种活动中思想变得主动起来。它在自我净化中变得更为活跃,并且具有了一个新的、独特的目标:思考"我",意识到**我是谁**,并且进入这个奥秘。这种来自**上方**的观察会让我找到自己的位置并获得解放。在那些最清晰的自我觉知的片刻里,我会处于一种被了解的状态。我能够感受到这种观察所带来的祝福降临在我身上并拥抱了我。我感受到自己沐浴在它的光辉中。

每一次当我记起这些的时候,我所要做的第一件事就是意识到一种缺乏的状态。我感受到一种需求,我需要一种主动的、自由的思维,它可以转向我自身,这样我就有可能真正地觉知到自己的存在。所以,我挣扎着去对抗寻常思维的被动性,挣扎着去放开常"我"的幻象。没有这种挣扎,一种更为高等的意识就不可能诞生。没有这种努力,我的思维将会回到沉睡的状态,充满了模糊和飘忽的念头、语言、形象和梦境,这是一种没有智慧的人类思维。最让人难过的莫过于一个人突然意识到自己在生活中一直都没有独立的想法,没有智慧,无法觉察真相,并因此与**上方**的世界没有任何连接。这时,我可能会理解重新融入那个觉察者是来自我本质的需求。

这种自由而客观的思维可以觉察和了解,它是葛吉夫所说的"个体"的属性。与大自然给与我们的感受和感觉机能不同,这种思维的形成需要朝向有意识状态的自发努力。它就是意志力的所在之处。当它能够只是将身体看做一个空的容器并与身体解离时,就会带来自由,并打破我们对身体的执著。打破了这种执著,我们就可以融入永恒的感觉。

第三章　一种新的存在方式

137. 我必须体验到缺乏连接的状态

在静坐时，我们可以感觉到内在有一个真正的临在，它就在这里，真的存在。即使是我们与它没有连接，它也一直在这里。我们缺乏与它连接所需的注意力。如果要与这种临在相连接，我们的注意力就需要具有与它相同品质的精微度。这种注意力必须是主动的，而非我们在寻常生活中的那种被动的注意力。我在寻常的状态下不具有这种连接是因为只要我去进行显化，我的注意力就会被我的机能所控制。注意力的能量在混乱和盲目的状态中被消耗，但我却不知道这是怎么一回事。没有人临在于这里来了解我的力量到底是如何进行显化的。

我内在的这种临在无法显化。它本身是空的，没有具体的属性，没有任何可以用来显化的资源。它没有经过任何训练。这种临在就像个初生的婴儿一样，自己不知道如何走路、进食，如何独立地去做事。它要靠接收印象来成长，这些印象被存储在我内在一个新的地方。如果我没有对这种临在的印象，我就不会有回归它的需要，它也就不会有自己的生命或是显化能力。所以，首先，我必须真正地在内在去寻求对这种临在的体验，一直不放弃、不忘记。当我全部的力量都被带到外在时，我与临在的连接就被切断了，它好像根本不存在一样。我需要一种我所未知的能力，需要一种全新的注意力，没有它们我永远无法建立起这种连接。

为了感受到对这种临在的需求，我必须看到自己一再地被自己不同的部分所控制，我的各个中心是没有连接的。我必须理解它们怎样才能被连接起来，理解这种连接是如何发生的。这是强迫不来的。我需要理解这些中心不同的状态、不同的需求。每一个中心都有着不同的注意力，它的强度和持续性取决于它们所接收的资源。接收到更多资源的那个部分就会有更多的注意力。体验到各个中心之间缺乏连接的状态是最为重要的。我不能只是因为一些片刻的连接而心满意足，我需要去体验这种缺乏，体验我的无能为力和抗拒。

现在，我能说我的身体和心被第四道工作所触动的程度与头脑是一样的吗？我对一些理论感兴趣，而我的身体没有将它们活出来，我的心也是漠然的。我渴望素质的改变，渴望我的临在状态发生改变。思想改变起来很容易，而身体和内心却没那么容易。然而，葛吉夫却告诉我们，转化的力量不在头脑之中，而是在身体里和心里。只要我们的身体和心处于自满自足的状态，它们就不会感受到对改变的需求。它们只是活在当下，它们的记忆非常短暂。直到如今，我们的渴望、我们的努力绝大部分都来自于思想，它渴望获得、渴望改变。但真正需要改变的则是心的状态。渴望必须来自于心，行动的力量——这种能力——必须来自于身体。

经由思想，我记得自己渴望临在。我的思想得出结论，认为这对于所有的中心来说是有用的和必要的，必须尽一切可能去发动和说服它们。但我们必须理解，"我"的绝大部分对记得自己是不感兴趣的。其他中心甚至都不会去琢磨头脑中是否存在着这样一种对工作的渴望。所以，我们有必要尝试让它们接触到这种渴望。如果它们都能感受到向这个方向努力的渴望，我们的工作就已经完成了一半。

138.良心

我们的工作好像欠缺了些什么，缺少了一些能够要求我们付出更多努力的东西。我们需要一种不是出于强迫，不是出于责任感，而是基于理解的自我要求。它会通过理解，通过理解这种方式把纪律带入我们的各个部分。从我们开始工作起,我们就了解了记得自己这个概念,并尝试去记得自己。我们已经接受了这个概念,它在我们的生活中,尤其是思想中占有了一席之地。但它只是一个概念,它没有活力,没有被应用到我们整个的生活中。我们没有活出第四道的教导。我们的各个部分都没有被这个概念深刻地触及。对此,它们没有参与,也漠不关心。

比如说,我们的身体没有真正地参与记得自己。我总是忽视我的身体活在地球上并属于地球的这种体验,总是沉浸在念头或情绪中,从而丧失了获得统一性和整体性的所有可能性。这种情况每一刻都在发生。我的能量不是聚集在我的头脑——评判、认可、不认可、找理由……就是被情绪的反应所占用——反对、害怕、妒忌、控制欲。在这些情况中,我的身体都是孤立的,与其他部分相隔离。它为了维持自身的存活,总是为了我其他部分的要求而付出沉重的代价。这样是无法让本体显现的,显现的只是本体的一些部分。

当我感受到内在的临在时,我的身体就变得次要了,它会逐渐消失,就好像不存在一样。因为我意识到一种生命——一种活生生的东西,它来自比我身体更为高等的层面。我整体地感知到这种临在,它可以自行存在,在某种程度上来说是不需要我的身体的。同时,这种生命就是我身体的生命所在。这种真正的生命是主动的,在臣服于它的过程中,我的身体进入被动状态。如果我的身体机能有意愿,如果我能在这种生命和身体之间建立起连接,这个临在就可以指挥身体去行动、去讲话、去聆听。例如,如果我要举起一只手臂,我可以感受到这个临在可以很好地举起这只手臂。在驱动身体的同时,这个临在会将我所有的机能置于它的观察之下,选择必要的行动去完成要做的事。当我觉察到这些时,我会理解与这种临在连接才是我真正的工作,才是我生命意义的体现。

同时,我需要我的身体去行动,去体现我临在于这里的意义。没有身体,临在就无法被确定和界定,也无法在地球上创造一种生活。没有我的临在,我的身体只是一只动物,只会去进食、睡觉、破坏和繁殖。它们之间紧密的连接、交流是必需的,这种协作会让一种未知的活动发生,创造出一种新的力量,创造出一种新的生活。这时,我会感受到一种需求,想要维系这种连接，避免让自己因失去连接而被兽性的贪婪和不切实际的梦想所控制。例如，属于地球层面的身体想要吃掉盘中的蛋糕。它想吃一块、两块，乃至很多块。关键不在于是否要拒绝让身体去得到它想要的东西，而在于在不损害与临在连接的情况下它可以吃几块。也许只是一块、两块，也许只是半块。

当临在与身体相连接时，我就会具有一种统一性，就能够觉察到整体，觉察到一个有生命的整体。在绝对的静默中，我感受到"我是本体"。我的一部分注意力被转向超越身体机能的层面，但同时，我的机能仍在运作，我仍然与周遭生活中的一切保持着连接。如果我无法把注意力维持在这种可以让能量完全自由的深度，我将无法觉察，无法了解。我将无法自由地行动。我将只是被外界的力量所操控。在这里需要良心的出现。有了它，我们的工作就会具有最大限度的专注度和"整体性"。与此同时，我们还要在生活中去行动，这样我们就能同时活在两个层面上。良心的觉醒靠的不是一种模式、一个理念，而是要通过一种独立的、个人化的方式来进行。这种良心与我们迄今为止所自认为了解的良心是完全不同的。在将自己安住于内在两种力量之间的努力中，一种真正的情感就会出现——这是一种对**存有**的情感。

139.过上两种生活

一个人在明确地决定要变得有意识和发展与高等中心的连接之前，需要认真地考虑。这种工作不允许妥协，并且需要很强的纪律性。他必须做好准备去遵循一些法则。

我可以彻底地学习一个理论体系，但如果我没有意识到自己的机械性和无力的状态，这种学习就无法让我有太多进展。当环境发生变化时，我可能会失去所有的可能性。我的思维绝对不能一直处于懒惰的状态。我必须理解把工作的纪律带入个人生活的必要性。我不可能一方面接纳自己某一部分是机械的，而同时又希望自己的另一部分变得有意识起来。我需要以整个的我活出第四道的教导。

保持一种持续的感觉，保持一种头脑和身体之间不中断的连接是绝对必要的。否则我就会被自动反应系统所控制。这种连接取决于一种自发的、主动的注意力。当连接足够稳固时，就会有一股高等的能量流从头部流进来。注意力必须主动地参与进来，维持各个中心之间能量的连接。我们看到我们的各个中心需要协调一致，需要臣服于同一个主人，这样才能一起去做事。但是让它们臣服并不容易，因为有了主人它们就无法再按照自己的喜好做事了。然而，没有主人，就不可能有灵魂……既不会有灵魂，也不会有意志。

为了不失去这种连接，我需要一直保持着内聚的状态。为此，我必须去对抗自己在日常生活中的主观性。例如，我可以做与习惯相反的事。我可以用左手去拿我通常用右手拿的东西。坐在桌子前的时候，我可以换一个与平常不同的姿势。我需要一直做与自己习惯相悖的事。我每天都会经常想起这种连接，记得我对保持注意力、避免失去它的渴望。我希望有意识地为自己在内在保持住这种注意力。内在的挣扎是工作中重要的部分。没有它，我们花多少时间都不会有任何改变发生。我们要学习在内在不去认同，而在外在扮演一个角色。这两者可以互相帮助。当我这样做的时候，我不会认同于任何东西。如果我们在外在不够坚强，内在就不可能坚强。如果内在不够坚强，外在也不可能坚强。挣扎必须是实实在在的。挣扎越艰难，就越有价值。

扮演一个角色需要我同时去参与外在和内在所发生的事件。这两类事件分别有着不同的秩序——属于两种不同的生活，前者是存在于后者之内的。我如何参与这两种生活显示了我实现**存有**的能力。如果无法以这样的方式去扮演一个角色，无论我怎样尝试，怎样努力，都不会真的具有力量。一个角色就像是一个十字架，一个人必须被钉在上面才能时刻保持专注。这就像是身处在一个构成我自身局限的框框或模子里。我需要觉知到这个局限，认可它。这样我就可以在这个框框里活出自己的本相。没有这个角色的局限，我就无法聚集力量。这样，我外在的生活就成了为内在生活所做的仪式和服务。

　　自愿性的受苦是可以在我们内在带来高等情感的唯一有效途径。这对于创造第二个身体来说是必需的。在两个八度音阶之间的挣扎中，身体必须拒绝自动化反应才能臣服于高等力量的影响。在保持面对的努力中，能量会加强，一股主动的力量会出现，并且让被动的力量臣服。我必须在生活中面对各种情况时都保持这股主动的能量。我必须一再地回到这种状态中，一再地做出有意识的努力，直到一些有独立生命的东西被创造出来。此后，这些东西会变得坚不可摧。我们为了明天，为了未来而工作。我们今天有意识地受苦，就是为了明天能够了解真正的喜悦。

140.了解意味着活出本体

　　了解自己并非是从外面观看，而是在连接的时刻，在圆满的时刻觉察到自己。在这样的状态里不再有"我"和"自己"之分，不再有"我"和内在的一个**临在**之分——不再有分裂，不再有二元对立。了解意味着活出本体。再也没有任何空间留给其他的东西。

　　当我在内在达到统一的状态时，我会体验到一种能量，一种来自另一个世界的力量，它会让我作为更加宏大的**整体**的一部分，在我的素质中获得重生。我可以去服务。我服务于这股力量。首先，我让内在所有的部分都对它有一个全新的态度。然后，对于我的本相、对于我的生命在**整体**生命中的意义，我会保持一种不断更新的洞察。这种洞察也包含了对小我和素质之间关系的理解。它会为我开辟一条道路，让我走向自由的显化和活在更为真实的世界中。它会让我升起一种渴望，去改变我日常的生存方式，去承担起在态度上和在生活中展现真相的责任。

　　我会更多地接收到对内在一股神秘力量的印象，同时，对于引发我机能作出反应的周遭环境，我也能够接收到对它的印象。是否存在两种不同的生命呢？还是只有一种生命，一种唯一的生命力？为了在具有精微属性和粗糙属性的世界之间建立起一种连接，就需要一种中间密度的能量流———一种更加纯净的情感能量流。情感的净化以及在内在创造出的"神圣的素质"都取决于一种警醒的状态。没有警醒就没有纯净，在这种超凡的警醒中不再有高低之分，不再有挣扎，不再有恐惧，只有意识、喜悦。为此，我需要在任何情况下都去做自己的见证者，从制造反应的头脑运作中回撤出来，平息所有的野心和贪婪。这样，我就可以觉察到在自己对生活作出反应的同时，内在有些东西，有些如如不动的东西，并没有作出反应。这种警醒会给我带来一种新的价值观。我被一种渴望、一种意志所触动，这就是对"我"最为纯净的感受中最本质的部分。这种意志让我想要活出自己的本相，觉知到我的真实本性——"我在"以及"我是本体"。在这样的意识状态中才会有爱。但这种爱是非个人化的，就像太阳散发着能量。它照耀，它创造，它爱。它不会执著于任何东西，但却吸引着一切。

　　这种生命的扩展不是源自于我"做"了什么，也不是源自于小我，它源自于爱。它意味着通过一种越来越自由的注意力而达到**存有**和**成为**的状态。这就是葛吉夫所说的解放。它是所有学校、所有宗教共同的目标。带着意识，我觉察到事物的本相，在"我是本体"的体验中，我向着超越时空的神圣和无限敞开，向着在宗教中称为上帝的高等力量敞开。我的素质就是本体。在生活中保持一体性、整体性是唯一重要的事情。

　　只要保持着对这一点的觉知，我就可以感受到一种内在的生命，一种任何其他事物所无法给与我的平和。我在这里，充满生气，在我的周遭是整个宇宙。我周遭的生命就在我的内在。我感受到这种无处不在的生命，感受到宇宙的力量。我感受到自己就是周遭世界的一部分。这里的一切都对我有帮助，即使是我所坐的垫子也对我有帮助。我临在于此，觉知到自己的本相。我发觉最重要的事就是**存有**。我了解了这一点——现在，随着我的了解，我感受到与周遭一切的连接。没有从前，没有以后，只有生命本身。

　　我觉得自己出离了梦境。一切都是真实的。我感受到自由，我很平静。在这种状态下，我不会去追寻，不会去渴望，也没有任何的期待。此刻，这里只有我的"本相"。现在，我了解了自己当下真实的状态以及生命的真相。

人物背景介绍

乔治·伊万诺维奇·葛吉夫

葛吉夫于1866年生于俄罗斯和土耳其交界的高加索地区,父亲是希腊人,母亲是亚美尼亚人。他从童年起就渴望了解人类存在的奥秘,并且深入研究宗教和科学来寻找答案。他发现这两种体系从它们自身看来都是令人信服和前后一致的,但如果将它们所依据的前提作出改变的话,就会得出矛盾的结论。于是他相信无论是宗教还是科学都无法单独解释人类生死的意义。同时,葛吉夫坚信一种真正而完整的知识曾经存在于古代,并且以口头的方式被一代接一代地传下来。他花了大概二十年的时间来寻找这些知识。他的探寻之旅把他带到了中东、中亚以及兴都库什山地区。

最终,葛吉夫发现了一些被遗忘的素质层面的知识,它融合了各种伟大的传统信仰。葛吉夫把它称为"古老的科学",但却没有明确地告诉我们它的来源,以及它的发现者和保存者是谁。这种科学像现代物理学一样看待这个可见物质组成的世界,认可质能相当性、对时间的主观错觉和广义相对论。但是这门科学的探索并未就此停止,只是将受控的实验中能够衡量和证明的现象作为唯一的真相来接受,它还会去探索感官感知范围之外的神秘世界,探索对另一种实相的觉察,以及超越时空的无限状态。其目的就是为了理解人类在宇宙秩序中的地位,以及地球上人类生命的意义,并且同时在我们内在真正地去了解和体验到两个世界的实相。这就是关于素质层面的科学。

1912年,葛吉夫开始在莫斯科和圣彼得堡招收了一些学生。1917年,在俄国大革命时期,他前往高加索地区,最终于1922年在巴黎附近为他的工作开办了一所规模比较大的学院。在这些年中,为了介绍他的教学和吸引追随者,他将一个博大的理论体系带给了世人。在1924年一次几乎致命的车祸后,葛吉夫关闭了学院,并在随后的十年中致力于撰写他关于人类生命的三部曲,书名叫做《所有及一切》(All and Everything)。他于1935年停止写作,大多数时间都在巴黎与学生们一起进行密集的工作,直到1949年去世。在晚年时,葛吉夫将学习他原本的的理论体系只是当做为了获得意识所做工作的第一步。他避而不谈与理论相关的问题,因为它们太过形而上了。他的教学方式体现为一种对实相的直接感知。

葛吉夫的巨著《所有及一切》分三集出版,分别是《别希普讲给孙子的故事》(Beelzebub's Tales to His Grandson,1950年)、《与奇人相遇》(Meeting with Remarkable Men,1963年)和《只有"我在"时,生命才是真实的》(Life is Real Only Then, When "I Am",1975年)。他在1914至1924年间传授的理论体系被忠实地记载于P.D.乌斯宾斯基(P.D.Ouspensky)的著作《探索奇迹》(In Search of Miraculous,1949年)中,以及主要由珍妮·迪·萨尔斯曼记录的笔记整理而成的《来自真实世界的声音》(View from the Real World 1974年)中。葛吉夫的教学包含以下几个基本的概念:

三力一组的法则(简称三的法则)(The Law of Three Forces[Law of Three])。葛吉夫教导我们:从分子到任何世界中的宇宙,无论在哪一个层级上,每一个现象都是三种相对力量组合的结果——正面的(肯定的)力量、负面的(否定的)力量和中和的(和解的)力量。三种力量的整合取决于对肯定力量与否定力量的面对,以及连接这二者的和解力量的出现。第三种力量来自于真实的世界——"事物的本相"和"我的本相"。

八度音阶的法则（简称七的法则）(The Law of Octaves{Law of Seven)。宇宙中所有的物质都含有趋向于有形显化的下降振动（退化）或趋向于回归无形源头的上升振动（进化）。它们的发展不是持续性的，具有在特定断层发生周期性加速和减速的特点。掌控这一过程的法则可以用一个古老的公式来体现，它将振动发生加倍的一个周期依照振动增加的速率划分为八个不均等的阶段。这个周期被称为一个"八度音阶"，也就是说"包含八个部分"。这个公式是圣经神话中创造世界和我们划分工作日和休息日的基础。这个公式应用在音乐中就表现为音阶，即do-re-mi-fa-sol-la-si-do，在mi-fa和si-do的断层中，会缺失一些半音。朝向意识的内在活动在这两个断层处需要一个"有意识的冲击"才能到达更高的层次，也就是一个新的八度音阶。

九宫图。图中有一个三角形位于一个被九等分的圆形中。它代表了三力一组的法则和八度音阶的法则。葛吉夫称之为"万能的符号"，它展现了一个八度音阶的内在法则，提供了一个认知事物本质特性的方法。闭合的圆圈代表这一现象的独立存在，象征着一种永恒的回归和不受阻碍的流动过程。

珍妮·迪·萨尔斯曼

1889年，珍妮·迪·萨尔斯曼生于法国的兰斯。她是朱尔·阿尔曼德与玛丽—路易丝·马提翁所生五个孩子中最年长的，父母都是纯正的法兰西血统。她在瑞士的日内瓦被抚养长大，具有强烈新教信仰的父亲和作为虔诚天主教徒的母亲之间的互动影响着她的家庭。在她小时候，神父和神职人员经常会来家里用餐，并辩论神学的问题，她会花上几个小时来聆听他们的对话。这种经历让她在小时候就对了解父母基督信仰背后的真相产生了浓厚的兴趣。珍妮的母亲每个礼拜日都带她去做弥撒，直到有一次这个小女孩在神父布道时大声说"他在骗人！"为止。珍妮一直觉得她的父亲能够理解她那独立的灵魂。

珍妮所受的教育主要集中在音乐领域，她是一个在这方面表现出独特天赋的小神童。她在4岁时开始正式学习弹钢琴，到15岁时就可以指挥一个完整的交响乐团。在这个时期，很多来自各国的知名音乐家都聚集在日内瓦音乐学院，特别是雅克·达尔克罗兹这位在作曲、即兴创作和舞蹈领域广受认可的创新家。在17岁的时候，珍妮和其他一些有天赋的学生被挑选出来到位于德国德累斯顿附近赫拉劳的达尔克罗兹学院跟随达尔克罗兹学习，并且在欧洲各国的首都演奏他的作品。在跟随达尔克罗兹的那些年里，珍妮遇到了亚历山大·迪·萨尔斯曼——一位知名的俄国画家，他负责达尔克罗兹演奏会舞台和灯光方面的事务。珍妮在日内瓦嫁给了亚历山大并于1912年随他回到他在高加索梯弗里斯（第比利斯的旧称——译者注）的家。在那里她以达尔克罗兹的方法为基础开办了自己的音乐学校。

1919年，葛吉夫带着一小群追随者来到了梯弗里斯，其中包括作曲家托马斯·迪·哈特曼。萨尔斯曼夫妇通过托马斯见到了葛吉夫，这是一次改变他们人生轨迹的会面。珍妮对葛吉夫的第一印象令她难以忘怀："葛吉夫的样子，特别是他具有穿透力的目光给我留下了非凡的印象。你感觉自己被真正地看到了，没有一丝隐藏地暴露在他的目光之下，而同时又没有受到任何的评判或指责。一种关系即刻建立起来，它消除了所有的恐惧，同时又能让你直接地面对自身的实相。"在葛吉夫身上和他的教学里，珍妮·迪·萨尔斯曼找到了她从小就渴望的通向真理的道路。

在不到一年的时间里，俄国的瓦解波及高加索，葛吉夫不得不和他的追随者离开了梯弗里斯。在这个时候，萨尔斯曼夫妇已经完全地投入到葛吉夫的工作中来。为了追随葛吉夫，他们放弃了他们的房子和其他财产，珍妮也放弃了她的学校和学生。这群人首先来到了君士坦丁堡，然后到达了柏林，最后于1922年在巴黎附近的枫丹白露定居下来。珍妮·迪·萨尔斯曼与葛吉夫的关系一直非常紧密，在他工作时一直陪伴左右，直到葛吉夫去世。有一小群学生参与了发展有意识感觉的工作，葛吉夫称之为"特殊工作"。珍妮·迪·萨尔斯曼就是其中的一员。

葛吉夫将一种称为"律动"的舞蹈练习介绍和传授给世人，萨尔斯曼夫人在其中发挥了主要的作用。在梯弗里斯，她在她的学生中为葛吉夫组织了第一次的律动课。1923到1924年间，无论在巴黎还是纽约，她本人都是葛吉夫律动表演的核心参与者。在20世纪40年代，她组织了一个班的学生，并再度邀请葛吉夫来教授律动。随后她依照葛吉夫教学的目的和原则准备了资料，并在他去世后拍摄了一系列影片来保存律动的正宗形式。

在葛吉夫去世之前，他要求萨尔斯曼夫人要"活过100岁"，以便能够将他的教学传承下去。他将自己一切著作和律动的所有权以及与哈特曼一起创作的音乐的所有权都留给了萨尔斯曼夫人。在此后的40年中，萨尔斯曼夫人将葛吉夫的著作出版并将律动加以保存。她还出版了为律动伴奏的音乐，并将其他葛吉夫/哈特曼音乐的所有权给与了葛吉夫的后人。因为她觉得那些不是葛吉夫教学的内容。

萨尔斯曼夫人在巴黎、纽约、伦敦以及委内瑞拉的加拉加斯建立了葛吉夫中心。她在那些地方组织共修团体和律动课程，并在晚些时候为一起进行的"特殊工作"加入了静坐的练习。

萨尔斯曼夫人于1990年在巴黎去世，享年101岁。